航与时频技术丛书

# 点云数据语义分割的理论与方法

张　蕊　李广云　著

科学出版社

北　京

## 内 容 简 介

随着三维激光扫描传感设备硬件的快速发展，可保留三维空间中原始语义信息(几何信息、颜色、反射强度等)的点云已成为代表性的新型数据源之一。语义分割作为三维场景语义分析与解译的重要前提，在无人驾驶、高精地图、智慧城市等国家重大需求的推动下，已成为测绘遥感、计算机视觉等领域的重大研究课题。本书以语义分割的理论与方法为研究内容，以点云为研究对象，从点云类型、深度学习基础知识、点云的组织与管理、融合点云与图像的语义分割以及直接基于点云的语义分割等方面进行介绍，是一部多学科交叉、融合的点云语义分割著作。

本书可作为高等院校测绘遥感、卫星导航、计算机视觉、地理信息等学科的教学参考书，也可供科研院所、企业相关专业从业人员参考。

**图书在版编目(CIP)数据**

点云数据语义分割的理论与方法 / 张蕊，李广云著. —北京：科学出版社，2022.11

(导航与时频技术丛书)

ISBN 978-7-03-073488-4

Ⅰ. ①点…　Ⅱ. ①张…　②李…　Ⅲ. ①三维-激光扫描-应用-数据处理-研究　Ⅳ. ①TN249　②TP274

中国版本图书馆CIP数据核字(2022)第190257号

责任编辑：张艳芬　李　娜 / 责任校对：崔向琳
责任印制：吴兆东 / 封面设计：蓝　正

科学出版社 出版
北京东黄城根北街 16 号
邮政编码: 100717
http://www.sciencep.com

北京九州迅驰传媒文化有限公司 印刷

科学出版社发行　各地新华书店经销

*

2022 年 11 月第　一　版　开本：720 × 1000　1/16
2023 年　3　月第二次印刷　印张：9 3/4
字数：179 000

**定价：98.00 元**

(如有印装质量问题，我社负责调换)

# “导航与时频技术丛书”编委会

# “导航与时频技术丛书”序

“四方上下曰宇，古往今来曰宙”，宇宙是空间和时间的统一。认知时空离不开导航与时频技术。

导航时频已成为是国际科技竞争的战略制高点。伴随计算机、通信、航天、微电子等技术的发展，导航与时频技术得到了蓬勃发展，迈入了天基卫星导航、高精度原子钟时代，实现了定位、导航、授时的一体化。激光惯性导航、地磁匹配、重力匹配、视觉导航、水声信标导航等技术也得到快速发展，脉冲星导航、量子导航、冷原子钟等新技术开启了导航时频技术的新纪元。

战略支援部队信息工程大学是国内最早开展导航时频工程研究的院校，导航与时频团队先后承担北斗系统工程需求论证、技术攻关、试验验证等重大任务 30 余项，在北斗导航、载人航天、探月工程、南极科考等国家重大工程中发挥了重要作用。

为了介绍导航与时频领域理论和技术的最新进展，特别是结合国家综合 PNT 体系建设的重大需求，我们组织了策划了“导航与时频技术丛书”。本丛书通过阐述导航时空基准、北斗卫星导航、天文导航、无线电导航、惯性导航、激光雷达、视觉导航等技术，来展示导航与时频技术的基本原理、最新进展和典型应用。丛书原创性强、前沿性强，图文并茂，凝结了各位作者多年研究成果，力图为推动我国导航和时频技术发展尽绵薄之力。

丛书的出版得到了战略支援部队信息工程大学和科学出版社的大力支持，在此表示深深的谢意。欢迎广大读者对丛书提出宝贵意见和建议。

2022 年 6 月于郑州

# 前　言

三维激光扫描系统以其稳定的环境感知能力成为获取三维空间信息的一种重要手段，能够快速获取大规模自然场景的三维点云数据。激光点云含有被测场景物体表面丰富的语义信息，具有海量、高密度以及高精度等特性，已成为理解、分析和语义解译三维自然场景的一种主要数据类型，广泛应用于城市规划、无人驾驶、全球制图、智慧交通、文物保护、虚拟现实以及基础测绘等领域。同时，点云的高维度、海量、高精度、高密度等特性也恰好满足了深度学习对密集型数据的需求，极大地鼓励了更多的从事点云研究的人员将其专业知识引入深度学习中，并将其作为一种隐含的通用模型来应对前所未有的、大规模的、有影响力的挑战。本书系统阐述作者及其所在团队近年来在点云语义分割方面的研究成果，旨在使读者对激光点云数据类型及基于这种类型数据的语义分割技术有一个全面的了解和认识，激发读者对研究三维激光点云和提高语义分割精度与效率的兴趣，为相关专业人员提供有益参考。

本书主要源自华北水利水电大学张蕊多年的研究成果，致力于对大规模复杂场景多态目标的语义分割技术展开研究，重点是通过使用深度学习技术提高语义分割技术的自动化和智能化水平，并按照点云获取方式及测量原理的不同，对测绘及相关学科涉及的点云类型及有关的深度学习技术进行适当扩充。作者一直投身于计算机视觉、人工智能等领域的前沿技术研究，自 2012 年开始将其应用于三维场景点云语义分割，近年来一直跟进该方向的核心技术，投身于基于点云的语义分割技术研究，最终完成了本书。全书共 7 章：第 1 章概述语义分割技术的现状、三维激光点云的优势及传统语义分割技术存在的难点；第 2 章按照点云获取方式及测量原理的不同，系统介绍点云类型以及三维点云深度学习语义分割方法；第 3 章从深度学习与三维点云结合的角度出发，首先介绍深度学习的相关技术，分析深度学习与三维激光点云结合时涉及的技术难点以及面临的挑战；第 4 章介绍点云的组织与管理方式；第 5 章在点云组织方式的基础上结合深度学习技术，介绍融合图像与点云的语义分割；第 6 章介绍直接基于点云进行语义分割的方法；第 7 章对基于激光点云的复杂场景三维目标语义分割技术进行总结，并对未来的研究方向和技术难点进行展望。

本书得到国家自然科学基金面上项目“三维激光扫描仪系统误差建模理论与标定方法研究”（编号：41274014）、“大规模室内环境的高精度地图构建关键技术研究”（编号：42071454）和国家自然科学基金青年基金项目“复杂城市环境下车载激光扫描系统质量保证技术研究”（编号：41501491）的支持，在此表示感谢。

限于作者水平，书中难免存在不足之处，恳请读者批评指正。

# 目　　录

"导航与时频技术丛书"序
前言
第 1 章　绪论……1
参考文献……3
第 2 章　点云类型及语义分割方法概述……4
2.1　引言……4
2.2　点云类型……4
2.2.1　激光点云……4
2.2.2　影像点云……13
2.2.3　RGB-D 点云……13
2.2.4　结构光点云……15
2.2.5　其他类型点云……15
2.3　点云语义分割方法概述……18
2.3.1　统计分析法……18
2.3.2　投影图像法……21
2.3.3　其他传统语义分割方法……22
2.3.4　二维图像深度学习语义分割方法……23
2.3.5　三维点云深度学习语义分割方法……28
参考文献……33
第 3 章　深度学习……40
3.1　引言……40
3.2　深度学习技术概述……40
3.2.1　人工智能、机器学习与深度学习……41
3.2.2　卷积运算……42
3.2.3　卷积神经网络工作原理……43
3.2.4　深度学习框架……52
3.3　深度学习在计算机视觉中的应用……53
3.3.1　图像分类……53
3.3.2　目标检测……54
3.3.3　语义分割……54

3.3.4 实例分割 55
3.3.5 其他应用 55
3.4 深度学习与三维激光点云的结合 56
3.4.1 三维激光点云数据的表示形式 57
3.4.2 三维激光点云数据集的语义标注方法 57
3.4.3 三维激光点云语义分割存在的挑战 58
参考文献 58
**第 4 章 LiDAR 点云的组织与管理** 61
4.1 引言 61
4.2 两级混合索引结构的确定 62
4.2.1 全局 KD 树索引 62
4.2.2 局部八叉树索引 64
4.3 Kd-OcTree 混合索引的构建 65
4.3.1 Kd-OcTree 混合索引的逻辑结构 66
4.3.2 Kd-OcTree 混合索引的数据结构 66
4.3.3 Kd-OcTree 混合索引的构造算法 70
4.4 实验结果与分析 72
4.4.1 测试数据 72
4.4.2 构造索引速度测试 73
4.4.3 邻域搜索速度测试 74
4.4.4 索引结构对地面点感知效果的影响 75
4.4.5 阈值敏感度测试 77
4.4.6 不同索引结构 CPU、内存消耗对比分析 79
参考文献 80
**第 5 章 基于深度学习和二维图像的多目标语义分割** 82
5.1 引言 82
5.2 基于二维图像的语义分割 83
5.2.1 点云描述子 83
5.2.2 深度卷积神经网络 85
5.2.3 二维图像与三维点云之间的映射关系 85
5.2.4 精细特征提取方法 86
5.3 研究方法 87
5.3.1 DVLSHR 模型构建 87
5.3.2 二维图像到三维点云的映射 90
5.3.3 三维建筑点云的精细分割 91
5.4 实验结果与分析 103

5.4.1　数据集……103
5.4.2　评价标准……104
5.4.3　DVLSHR 模型训练……105
5.4.4　初步分割结果……112
5.4.5　映射结果可视化……112
5.4.6　基于三维点云的建筑物精细特征分割……114
5.4.7　结果分析……115
参考文献……116
**第 6 章　三维点云语义分割**……120
6.1　引言……120
6.2　研究现状……121
6.2.1　三维数据集……121
6.2.2　基于点云的三维卷积神经网络……122
6.3　研究方法……123
6.3.1　点云表示形式……123
6.3.2　三维深度网络结构……124
6.3.3　输入点集的顺序对网络性能的影响……129
6.4　实验结果与分析……130
6.4.1　实验平台……131
6.4.2　评价指标……131
6.4.3　网络体系结构验证……132
6.4.4　分割效果……136
6.4.5　结果分析……137
参考文献……138
**第 7 章　总结与展望**……140

# 第1章 绪 论

随着无人驾驶、高精地图、智慧城市、增强现实(augmented reality, AR)、大数据等概念的提出，相关人工智能技术的持续发展以及多类型传感器设备不断地推陈出新，为大规模三维真实场景语义理解与分析提供了良好的发展机遇，同时使其面临新的挑战。语义分割作为三维场景语义理解和分析的基础，已成为遥感、计算机视觉、机器人等多领域的研究热点，具有重要的研究价值和广阔的应用前景。语义分割是一种根据图像(包括二维和 2.5 维)、点云(三维)等多种数据形式的视觉内容，将其中的每一个像素或点归类为其所属对象的语义类别的技术。按照维度来划分，场景语义分割的数据源包括二维图像、2.5 维 RGB-D 影像以及三维点云数据。近年来，在计算机视觉领域，语义分割的数据源基本以二维图像为主，即图像语义分割，已取得重大突破，这主要是因为：①大量可利用的、公开的二维图像数据集的出现，为语义分割技术的发展提供了数据基础；②数字成像设备具有普及性和易操作性；③图形处理单元(graphics processing unit, GPU)硬件技术的突破，为复杂大规模数据计算提供了保障；④二维数据维度比较低，数据处理相对容易；⑤深度学习技术促使图像语义分割技术取得了突破性进展。

与此同时，二维图像数据本身特点的局限性，致使它在数据获取、处理以及分割效果方面还存在一些短板，主要包括以下方面：①在数据采集时，天气、光照、拍摄角度直接影响图像拍摄的精度(精度指标为像素+色彩)；②由于视角、光照、距离的不同，拍摄出的图像色彩信息会随之变化，分割的结果也就不同；③柔性物体在运动过程中会发生形变，致使拍摄出的图像随之变化；④二维图像中点的几何关系与相机参数(相机位置、焦距及畸变等)直接相关，点和点之间的相互关系不是单纯的刚性旋转和平移；⑤一般相机只能定位一个焦平面，二维图像只具有平面特征，缺乏空间信息，单纯的二维图像无法真实再现三维场景；⑥数码相机成像采用光学镜头，受三维场景复杂程度和拍摄角度的影响，采集二维图像时目标之间存在不同程度的遮挡，这时会直接以前景色代替背景色，信息产生缺失。通过三维激光扫描仪获取的三维点云数据恰好能弥补二维图像的不足，其丰富的空间信息在三维场景语义理解和分析中占据着越来越重要的位置。

三维激光扫描仪直接对地物表面进行三维密集采样，可快速获取具有三维空间坐标和一定属性(如强度信息、回波信息等)的海量、不规则空间分布三维点云，称为数字化时代下刻画复杂现实世界最为直接和重要的三维地理空间数据获取手段[1]。三维激光扫描技术具有非接触式、全天候、高精度、高速度、高分辨率等明显优势，具体包括如下方面：①采用主动、非接触式扫描的激光成像原理，依据激光脉冲发射与接收的时间差或光波相位差解算三维目标到激光发射点的距离，即点云的三维坐标($X, Y, Z$)，不受三维场景的气候、光照等条件的影响，具有全天时、全天候的优势；②根据激光测量原理得到的点云，除了三维坐标，还包括激光反射强度等信息，该信息能够反映被测三维场景中各类语义目标的表面材质和地物光谱属性等；③通过对测站的定位定向或结合组合定位定姿技术，测量系统可以实现直接地理定位，并能快速获取被测场景的三维点云[2]；④采用多回波技术，同一束激光照射在被测物体表面或通过被测物体间缝隙(如植被间缝隙)照射在后景物体表面，从而能够获取被遮挡目标的三维点云数据，实现“穿透”测量[3]；⑤三维激光扫描测量人工参与少，自动化程度高；⑥每秒可以获取十万、百万个点，点云密度高；⑦采用全覆盖式测量，可获取被测场景三维目标表面的高精度三维点云；⑧采用地面式激光扫描，单站测量只需几分钟，车载激光扫描每小时可采集几十公里的街景数据，机载激光扫描效率更高。正是因为三维激光扫描技术独特的优势，获取的三维点云具有广阔的应用前景和巨大的市场需求，已广泛应用于无人驾驶、高精地图、电力线巡检、森林调查、隧道信息重建、城市形态分析、数字文化遗产保护等领域。同时，其还会衍生出新的概念和领域，例如，2017 年杨必胜等[1]首次提出了广义点云的科学概念与理论研究框架。它是将多源传感器采集的数据进行整合，以其中激光点云为基础，采用统一基准建立集成数据、结构、功能的一体化模型，实现从多角度、视相关到全方位、视无关的目标。

传统的三维点云语义分割技术发展已久，出现了大量经典的语义分割方法，如聚类方法、区域增长法、模板匹配法、三维霍夫变换法等。多年来，研究者虽不断地对此进行改进、优化，却很难有重大突破。分析其原因，传统语义分割方法主要存在以下方面的问题：①过度依赖人工定义特征，传统语义分割方法的点云特征描述子需要人为设置，且分割和特征提取的结果完全依赖特征的描述能力，极大地降低了三维点云的实用价值；②自动化、智能化程度低，对于传统语义分割方法，需定义分割规则以及根据处理场景的不同设置不同的阈值，如种子点的选择、距离阈值、法向量方向阈值、法向量夹角阈值、邻域搜索半径等，且在分割的过程中需要不断人工调整阈值大小以获取较优的分割效果；③跨平台性差，由于$(x, y)$坐标对与 $z$ 坐标的对应关系不唯一以及几何特征尺寸的差异，现有的机载激光扫描点分割方法在处理移动激光扫描点云方面存在困难[4]，跨平台点云的分割方法鲁棒性差；④提取语义类别单一，通常只提取特定类型的目标(如窗户、阳台等)、平面块或感兴趣的线性特征，无法有效处理包含多类别、形状多样、复杂程度高、包括不完整对象以及可变点密度的大规模城市场景；⑤计算量大，方法效率较低，传统语义分割方法速度慢的主要原因是大量的三维邻域点的查询，而基于聚类的分割方法还无法避免邻域搜索这一操作，已有方法开始关注如何提高分割效率的问题，如近似邻域搜索[5]，其方法还需要进一步研究；⑥通常先滤除地面点，再提取特征，通过三维激光扫描仪获取的三维点云，具有海量特性，点数达到千万、亿甚至十亿量级，现有计算机通常无法一次处理海量点云，且地面点占比较大，为减轻计算负担，排除地面点的干扰，通常需要先将地面点滤除，然后对剩余点云进行分割；⑦公开数据集短缺，缺少大场景三维点云公开数据集的有效支持，为解决该问题，研究者需要自己在特定场所采集数据，数据集不一致，衡量准则不统一，方法缺乏可比性，这也是导致三维场景传统语义分割方法研究进展缓慢的主要原因之一；⑧激光点云通常只包括三维坐标和反射强度等信息，缺少丰富的光谱信息以及点与点之间的空间拓扑关系，单纯依赖三维点云进行复杂场景多态目标的语义分割难度仍较大。

综上所述，一方面，由于三维点云的真三维、高密度、海量及无结构特性，研究快速有效的大规模三维场景语义分割方法具有重要的理论价值。另一方面，由于真实自然场景的复杂程度高，三维目标间存在不同程度的重叠、遮挡及缺失，点云密度存在不均匀等现象，研究与其他领域技术的结合，提出高鲁棒、强泛化能力、自动化、智能化的复杂三维场景多态目标语义分割方法对进一步推广广义点云技术的发展及其在各个领域的应用具有重要的现实意义。

## 参 考 文 献

[1] 杨必胜, 梁福逊, 黄荣刚. 三维激光扫描点云数据处理研究进展、挑战与趋势[J]. 测绘学报, 2017, 46(10): 1509-1516.

[2] 于永涛. 大场景车载激光点云三维目标检测算法研究[D]. 厦门: 厦门大学博士学位论文, 2015.

[3] 李明磊. 面向多种平台激光点云的线结构提取与应用技术研究[D]. 郑州: 信息工程大学博士学位论文, 2017.

[4] Biosca J M, Lerma J L. Unsupervised robust planar segmentation of terrestrial laser scanner point clouds based on fuzzy clustering methods[J]. ISPRS Journal of Photogrammetry and Remote Sensing, 2008, 63(1): 84-98.

[5] Hackel T, Wegner J D, Schindler K. Fast semantic segmentation of 3D point clouds with strongly varying density[J]. ISPRS Annals of Photogrammetry, Remote Sensing and Spatial Information Sciences, 2016, 3: 177-184.

# 第 2 章　点云类型及语义分割方法概述

## 2.1　引　　言

点云是指同一空间参考系下表达目标空间分布和目标表面特性的海量点的集合，具有密度大、精度高、数据量大等特点。点云除了包括三维坐标，还包括其他属性信息，如根据激光测量原理得到的点云，还包括激光反射强度等；根据摄影测量原理得到的点云，还包括 RGB (red, green, blue) 颜色信息等。本章首先按照点云获取方式及测量原理的不同系统介绍点云的类型，将三维点云划分为激光点云、影像点云、RGB-D 点云、结构光点云及其他类型点云；然后对点云语义分割方法进行概述，重点介绍基于深度学习的三维点云语义分割方法。

## 2.2　点 云 类 型

### 2.2.1　激光点云

激光点云是指由三维激光扫描仪对目标进行扫描获取得到的海量点的集合。根据搭载三维激光扫描仪的平台类型，激光点云可分为地面激光扫描 (terrestrial laser scanning, TLS) 点云、车载激光扫描 (mobile laser scanning, MLS) 点云、机载激光扫描 (airborne laser scanning, ALS) 点云、星载激光扫描 (satellite laser scanning, SLS) 点云和手持/背包式激光扫描 (backpack laser scanning, BLS) 点云。目前，具有代表性的激光点云数据集主要有以下 16 种。

1. ISPRS benchmark

ISPRS benchmark[1]数据集主要用于目标分类和三维建筑重建，由 ISPRS-Vaihingen 和 ISPRS-Toronto 两个子集构成，被标注为 6 个类别。其中，第 1 个数据集 ISPRS-Vaihingen 是由德国摄影测量、遥感和地理信息学会 (Deutsche Gesellschaft für Photogrammetrie, Fernerkundung und Geoinformation, DGPF) 于 2008 年在韦兴根 (Vaihingen) 上空采用 Leica 的 ALS50 系统采集的机载激光点云数据。第 2 个数据集 ISPRS-Toronto 覆盖了加拿大多伦多 (Toronto) 市中心地区约 1.45km$^2$ 的区域，由微软 Vexcel 的 UCD (UltraCam-D) 相机和 Optech 机载激光扫描仪 ALTM-ORION M 捕获，ISPRS benchmark 数据集示意图如图 2.1 所示。

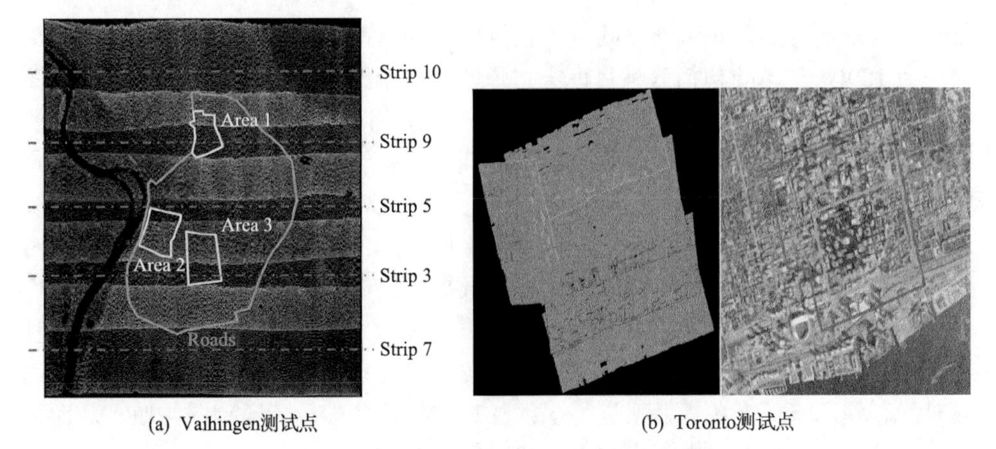


(a) Vaihingen测试点　　(b) Toronto测试点

图 2.1　ISPRS benchmark 数据集示意图

2. Oakland 3-D

Oakland 3-D[2]为城市场景车载三维激光点云数据集，包含 17 个文件、160 万个三维点、44 类标签。2009 年，该数据集采集于宾州匹兹堡市奥克兰的卡内基梅隆大学校园附近，车载平台为 NavLab11，配备了侧视的 SICK LMS 扫描仪。数据以 ASCII 格式存储，一行表示一个点。数据集由 part2 和 part3 两个子集组成，每个子集都有自己的局部参考框架，每个文件包含 10 万个三维点。对训练集、验证集和测试集进行滤波和标记，将 44 个标签类重新映射为 5 个标签大类。Oakland 3-D 数据集全貌和车载平台 NavLab11 如图 2.2 所示。

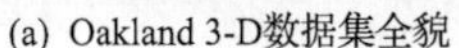

(a) Oakland 3-D数据集全貌　　(b) 车载平台NavLab11

图 2.2　Oakland 3-D 数据集示意图

3. The KITTI Vision Benchmark Suite

KITTI[3]是卡尔斯鲁厄理工学院(Karlsruhe Institute of Technology)和芝加哥丰田技术学院(Toyota Technological Institute at Chicago)利用自动驾驶平台 Annieway 获取的计算机视觉基准数据集，主要用于评测立体图像、光流、视觉测距、三维物体检测和三维跟踪等计算机视觉技术在车载环境下的性能。原始数据于 2011

年，在卡尔斯鲁厄(Karlsruhe)城市、农村地区和高速公路上行驶时采集。数据集大小为180GB，主要包括五种目标类：道路、城市、住宅、校园和行人。每幅图像中车辆和行人数目不等，最多包含15辆机动车和30个行人，另有不同程度的截断与遮挡。数据采集平台包括：2台灰度图像摄像机、2台彩色图像摄像机、1台Velodyne 64线三维激光雷达(HDL-64E)、4个光学镜头以及1个全球定位系统(global positioning system，GPS)。该数据集共囊括39.2km视觉测距序列、389对立体图像和光流图以及三维激光点云。原数据集没有提供语义分割标注信息，后期学术界和工业界根据特定需求为该数据集添加了标注。例如，SqueezeSeg[4]基于KITTI的三维包围盒对其进行了点级的语义标注；KITTI-360[5]使用粗糙边界基元对静态和动态三维场景元素进行了标注，并将这些信息传递到图像域，从而为三维点云和二维图像提供密集的语义和实例注释。

4. Sydney Urban Objects Dataset

Sydney Urban Objects Dataset[6,7]是由悉尼大学澳大利亚野战机器人中心(The University of Sydney, Australian Centre for Field Robotics)于2013年发布的激光点云数据集，包含588个独立的城市道路目标，由Velodyne HDL-64E采集，共包含631站独立扫描，包括车辆(vehicle)、行人(person)、广告标志(sign)及树木(tree)等，被标注为25个语义类，如图2.3所示。

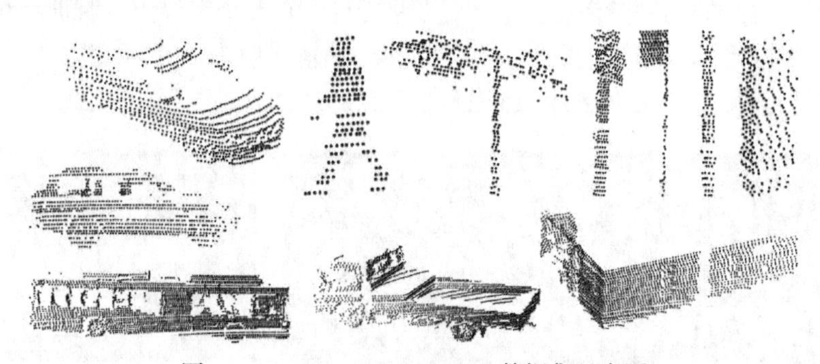

图2.3　Sydney Urban Objects数据集示意图

5. Paris-rue-Madame

Paris-rue-Madame [8]是2013年在法国巴黎第六区rue Madame大街通过车载激光扫描平台获取的城市街景激光点云数据集，全程160m，位于rue Mézières与rue Vaugirard之间。

该数据集共包含2000万个点，最初采用自动分割方法进行粗标，然后采用人工辅助的方式对其进行精标，共标注为17类，每个点都包含一个标签(label)和一个类别(class)信息。

6. IQmulus & TerraMobilita Contest

IQmulus & TerraMobilita Contest[9]是城市级三维车载激光点云数据集，2013 年，由法国国家测绘局(Institute Geographique National, IGN)的 MATIS 实验室和数学形态学中心(CMM-MINES ParisTech)在 TerraMobilita 和 IQmulus 项目的框架下获取，之后由 IGN 的 MATIS 实验室手动辅助标注，是自 2014 年开始的 IQmulus 竞赛(IQmulus processing contest)的一个组成部分。该数据集包含来自巴黎密集城市环境的三维激光点云数据，共由 3 亿个点组成，分为 5 个语义类别。在该数据集中，对整个三维点云进行分割和分类，即每个点包含一个标签和一个类别信息，使得对检测-分割-分类方法进行逐点评估成为可能。

7. Vaihingen3D airborne benchmark

Vaihingen3D airborne benchmark[10]是国际摄影测量与遥感学会(International Society for Photogrammetry and Remote Sensing, ISPRS)于 2014 年在韦兴根(Vaihingen)采集的三维机载激光点云数据集，主要用于城市级分类、三维重建及语义分割。该数据集共分为 9 个语义类：电力线、低矮植被、不透水层、汽车、篱笆、屋顶、建筑物立面、灌木及树木等。

8. Semantic3D.net

Semantic3D.net[11]是瑞士苏黎世理工学院于 2017 年发布的大规模三维点云自然场景数据集。该数据集由静态地面激光扫描仪获取的密集点云组成，共超过 40 亿个点，标注为 8 个语义类别。所有场景来源于欧洲中部，描述了典型的欧洲建筑，涵盖广泛的城市、乡村场景，主要有教堂、街道、铁轨、广场、村庄、足球场及城堡等，如图 2.4 所示。

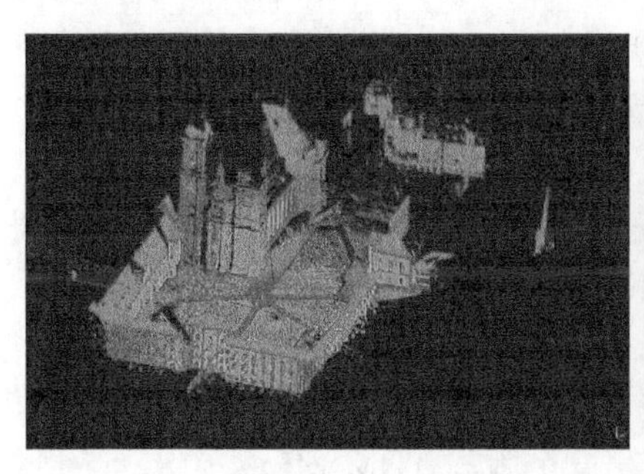

图 2.4　Semantic3D.net 数据集示意图

9. Paris-Lille-3D

Paris-Lille-3D[12]是国立巴黎高等矿业学院(MINES ParisTech)于 2018 年采集

的城市级车载点云数据集，具体为沿法国巴黎(Paris)和里尔(Lille)两个城市 2km 街道获取的数据，主要用于自动分割、目标检测与目标分类。该数据集手动标注了 1.4 亿个点，包含 50 个不同的对象类别，用于自动分割和分类方法的研究。同时，该数据集在其官网页面发布了测试集，共包括 10 个粗标类别，可在线提交模型查看分类结果及排名情况，相应地也提供了 10 个粗类的训练集，如图 2.5 所示。

图 2.5 10 个类别的 Paris-Lille-3D 示意图

第一行为全景图，第二行为局部图；左侧采集于 Lille，右侧采集于 Paris

10. TUM-MLS

TUM-MLS[13,14]是由慕尼黑工业大学(Technical University of Munich, TUM)和德国弗劳恩霍夫光电系统技术与图像开发研究所(Fraunhofer Institute of Optronics, System Technologies and Image Exploitation, IOSB)在慕尼黑工业大学中心校区附近联合采集和标注的车载激光点云数据集。该数据集共有两个版本：TUM-MLS-2016 和 TUM-MLS-2018，分别是在 2016 年和 2018 年获取的数据，采集平台为 2 台 Velodyne HDL-64E 激光扫描仪，通过扫描头的旋转分别扫描了 8000 次和 10500 次。

其中，TUM-MLS-2016 包含 17.35 亿个三维点，大小为 62GB，由慕尼黑工业大学摄影测量与遥感系基于点云平台 TUM MUS 1 人工标注，共包含 9 个类别：Unlabeled，Artificial Terrain，Natural Terrain，High Vegetation，Low Vegetation，Building，Hardscape，Artefact 和 Vehicle。在此基础上，IOSB 于 2018 年对慕尼黑工业大学中心校区重新进行了扫描，获取了第二个版本 TUM-MLS-2018，点数增加到 20 亿个，大小为 73GB。为方便使用，其同时提供了简化版本。

11. WHU-TLS

WHU-TLS[15-17]为截至 2018 年全球最大规模和多种场景类型的地面站扫描点

云配准基准数据集。为加快推进深度学习在三维点云处理领域的发展，以赋予点云智能为目的，由武汉大学测绘遥感信息工程国家重点实验室杨必胜教授课题组于 2018 年联合慕尼黑工业大学、芬兰地球空间研究所(Finnish Geospatial Research Institute, FGI)、挪威科技大学发布。其共包含 115 个测站、17.4 亿个三维点以及点云之间的真实转换矩阵，大小共 90GB，涵盖了地铁站、高铁站、山地、森林、公园、校园、住宅、河岸、文化遗产建筑、地下矿道、隧道 11 种环境，如图 2.6 所示。此外，WHU-TLS 基准数据集也为铁路安全运营、河流勘测和治理、

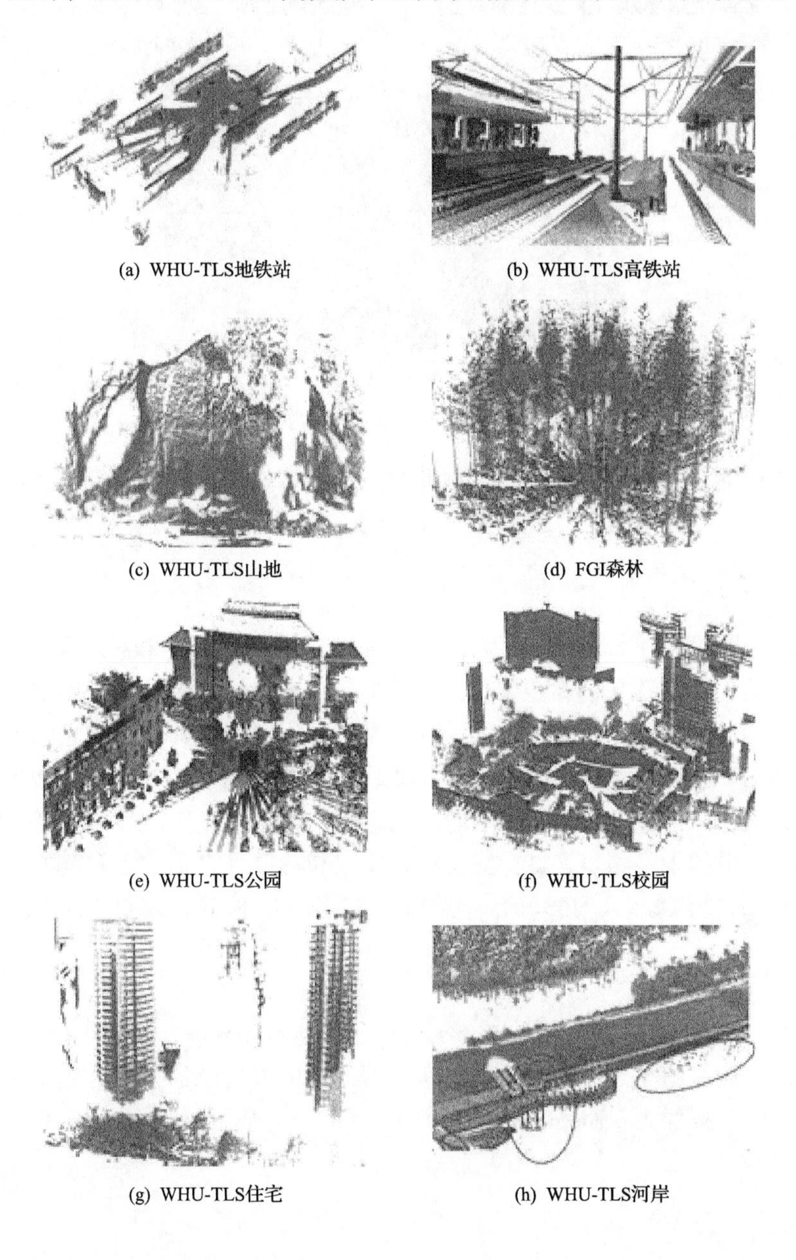

(a) WHU-TLS地铁站　(b) WHU-TLS高铁站

(c) WHU-TLS山地　(d) FGI森林

(e) WHU-TLS公园　(f) WHU-TLS校园

(g) WHU-TLS住宅　(h) WHU-TLS河岸

(i) WHU-TLS文化遗产建筑

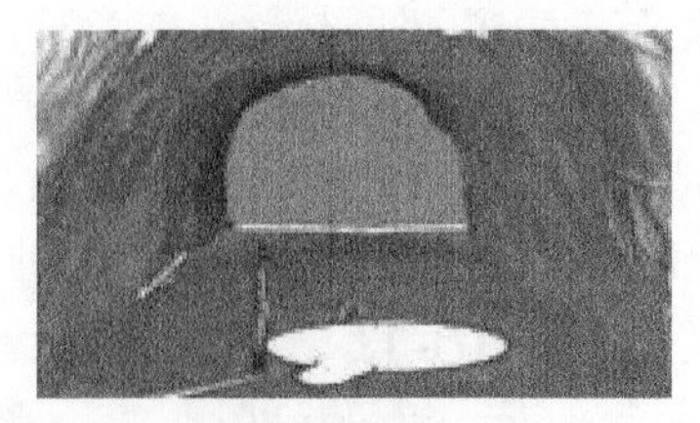

(j) WHU-TLS地下矿道

(k) WHU-TLS隧道

图 2.6 WHU-TLS 基准数据集场景示意图

森林结构评估、文化遗产保护、滑坡监测和地下资产管理等应用提供了典型有效的数据。

12. DBNet

DBNet[18]是厦门大学李军教授团队与上海交通大学卢策吾教授团队于 2018 年联合发布的大规模驾驶行为数据集。该数据集主要专注于驾驶策略的学习，包括激光雷达点云、视频以及驾驶行为三种类型的数据。DBNet 数据集包括训练集、验证集和测试集，是大小超过 1TB、采集距离大于 200km 的真实驾驶数据。该数据集采集交通条件多样化，包括本地路线、林荫大道、主干道、山路和学校区域，其中包含大量的十字路口、城市立交桥、匝道和弯道等，超过 1500 辆汽车、500 个路标、160 个红绿灯、363 个十字路口和 32 座人行桥等，如图 2.7 所示。

13. MiMAP

MiMAP(multisensorial indoor mapping and positioning)[19]是厦门大学于 2018 年发布的室内制图与定位数据集，采用自行研制的多传感器室内背包系统，内置激光扫描仪、摄像头、Mems IMU、WI-FI 等多个传感器。目前，MiMAP 发布了

图 2.7　DBNet 数据集示意图

三个子数据集：①室内激光扫描数据集，提供了 4 个场景的基于即时定位与地图构建(simultaneous localization and mapping, SLAM)的室内点云数据，场景包括大型室内停车场、走廊和多个房间，共有 2247 万个点，同时还包括场景的线框架提取结果，并提供了室内场景的简要描述；②彩色室内激光扫描数据集，提供包含 RGB 信息的点云数据，共有 5140 万个点，其中 RGB 是基于多传感器校准和激光 SLAM 制图方法得到的彩色信息；③多传感器室内制图与定位的 ISPRS 基准，该基准为基于激光的 SLAM、BIM(building information modeling)特征提取和基于智能手机的室内定位方法的评估与比较提供了一个通用框架，如图 2.8 所示。

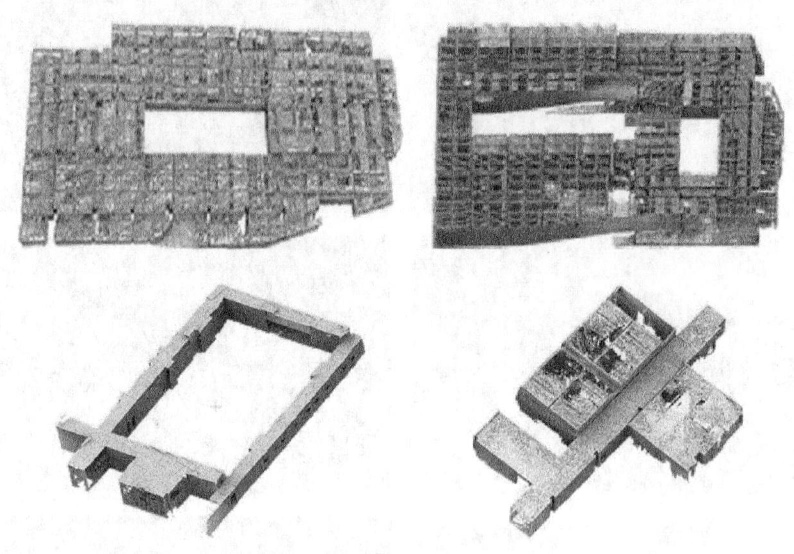

图 2.8　MiMAP 数据集示意图

14. SemanticKITTI

SemanticKITTI[20]以 The KITTI Vision Benchmark Suite[3]为基准，提供了 360°视野的密集逐点标注，是一个基于移动激光的大规模点云序列数据集，共有 28 个类，包括德国卡尔斯斯鲁厄周围的城市内部交通、居民区、高速公路场景和乡村道路场景。2019 年，该数据集首先以 10Hz/m 的速率对每个扫描进行标注，随后在 2020 年 4 月增加了全视觉分割，并在 2020 年 8 月逐步更新了语义分割和语义场景补全。为了与原来的 KITTI 基准数据集保持一致，该数据集对训练集和测试集采用了相同的划分，其中 00～10 用于训练，11～21 用于测试，如图 2.9 所示。

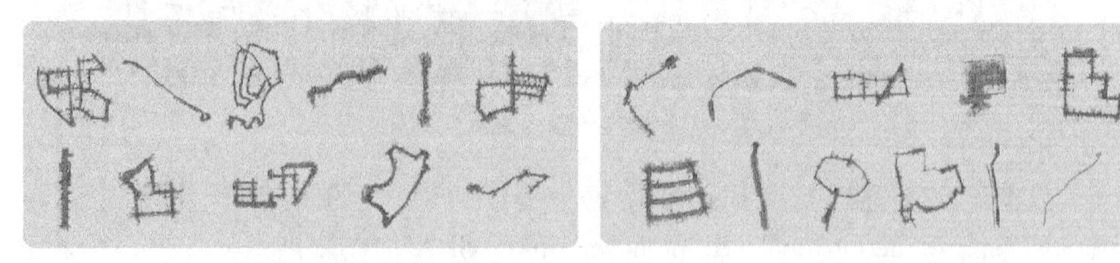

(a) 用于训练的点云序列　　(b) 用于测试的点云序列

图 2.9　SemanticKITTI 数据集划分示意图

此外，与 KITTI 基准数据集相比，该数据集提供了 23201 站全三维扫描用于训练，20351 站用于测试，大大增强了该数据集的优势。基于该数据集，主要完成三大任务：①单次扫描的点云语义分割；②多次扫描的语义分割；③语义场景补全。

15. DALES

DALES(Dayton annotated LiDAR Earth scan)[21]数据集是 2020 年美国戴顿大学(University of Dayton)发布的一个城市级大规模机载激光雷达(airborne laser scanner, ALS)数据集。其包含超过 5 亿个手工标记点、跨越 10km$^2$ 的区域，被标注为 8 个语义类即地面、汽车、卡车、电线、电线杆、围栏、建筑物及其他。

16. Toronto-3D

Toronto-3D[22]是 2020 年由加拿大滑铁卢大学在多伦多采集的用于语义分割的大型城市级车载点云数据集。该数据集涵盖约 1km 的道路信息，分为四个部分，每个部分涵盖范围约为 250m，包括约 7830 万个点。每个点有 10 个属性，共标注为 8 个语义类即道路、路标、天然树木、建筑物、公用线路、电线杆、汽车和围栏。

### 2.2.2　影像点云

倾斜摄影/摄影测量通过在同一飞行平台上搭载多台传感器，可同时从垂直、倾斜等不同角度采集影像，通过多视影像密集匹配等方法从二维图像获取的三维点云称为影像点云(或称为摄影测量点云、影像匹配点云、密集图像匹配点云等)。其不仅在精度上可与激光点云相媲美，而且直接具有光谱信息，具有广泛的应用价值。其中，SensatUrban[23]是目前具有代表性的用于城市场景分割的影像点云数据集之一。

SensatUrban[23]是 2020 年 9 月由牛津大学发布的一个城市级摄影测量点云数据集，采集于英国伯明翰和剑桥两个城市，覆盖了 6.2km$^2$ 的城市景观。三维点云由专业无人机测绘系统捕获的高质量航空图像生成。为了充分、均匀地覆盖测量区域，所有的飞行路径以网格的方式预先规划，并由飞行控制系统(e-Motion)自动控制。SensatUrban 拥有近 30 亿个丰富的点，被标注为 13 个语义类别，是一个城市场景三维点云的细粒度语义理解数据集。

### 2.2.3　RGB-D 点云

用 RGB-D 相机(深度摄像机)获取的点云为 RGB-D 点云。RGB-D 相机是一种可以同时获取 RGB 信息和深度信息的传感器。然而，RGB-D 点云并不是 RGB-D 相机的直接产物，而是根据相机已知的中心点位置，获得深度图中每个像素的三维空间位置，然后生成的三维点云。与激光扫描系统相比，RGB-D 传感器价格低，主要应用于目标识别、目标跟踪、人体姿态识别及基于 SLAM 的场景重建等领域。另外，主流的 RGB-D 传感器距离较近，甚至比 TLS 近得多，因此通常用于室内环境。ScanNet[24]为具有代表性的 RGB-D 三维点云场景分割基准数据集之一。

ScanNet[24]是斯坦福大学 Angela 博士于 2017 年发布的一个 RGB-D 视频数据集，包含 1513 个采集场景中的 250 万个视图，其中，1201 个场景用于训练，312 个场景用于测试，共 21 个类别。其主要用于三维表面重建、语义分割和计算机辅助设计(computer aided design, CAD)模型检索。ScanNet 数据采集框架包括三个步骤：①RGB-D 扫描，将 RGB-D 传感器连接到手持设备上，通过手持设备应用加深传感器而收集 RGB-D 的视频序列；②三维表面重建，将 RGB-D 视频序列上传到处理服务器，生成三维表面重建和表面分割；③语义标注，处理服务器进行重建之后，在亚马逊 Mechanical Turk 众包市场上发布任务，包括实例级语义标注和三维 CAD 模型检索与对齐。其采集框架和语义标注示例如图 2.10 所示。

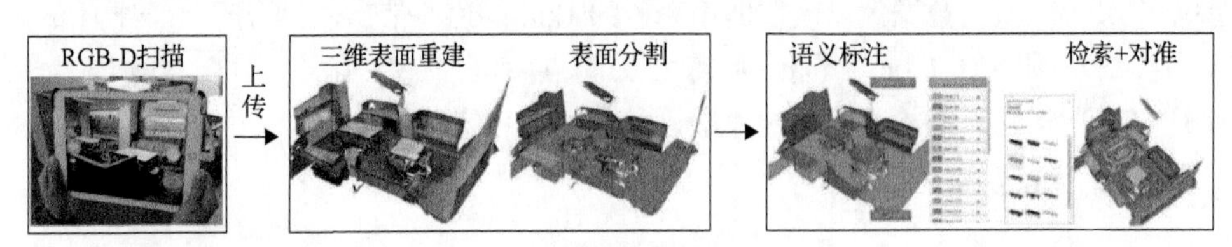


(a) ScanNet数据采集框架

(b) ScanNet语义标注示例

图 2.10　ScanNet 数据集示意图

与其他 RGB-D 数据集相比，ScanNet 设计了 RGB-D 采集框架，专门为未经训练的用户提供易用性，并通过众包实现可扩展处理。

### 2.2.4　结构光点云

结构光(structured light)是通过红外激光器，将具有一定结构特征的光线投射到被拍摄物体上，再由专门的红外摄像头采集反射的结构光图案，根据三角测量原理进行深度信息的计算，最终得到点云。使用此类设备获得的点云为结构光点云，最具代表性的为 S3DIS(Stanford large-scale 3D indoor spaces)[25]及其扩展数据集 Stanford 2D-3D-S[26]。

S3DIS[25]是由斯坦福大学于 2016 年发布的室内场景三维结构光点云数据集，由来自 3 个不同建筑的 5 个大型室内区域组成，每个区域约占地 1900$m^2$、450$m^2$、1700$m^2$、870$m^2$ 和 1100$m^2$(共 6020$m^2$)。这些区域展示了不同的建筑风格和外观，主要包括办公区域、教育和展览空间，以及会议室、个人办公室、卫生间、开放空间、大堂、楼梯和走廊等。其中，一个区域包括多个楼层，而其他区域只有一个楼层。整个点云使用 Matterport 扫描仪自动生成，不需要任何人工干预。

2017 年，斯坦福大学对 S3DIS 进行了扩展，发布了 Stanford 2D-3D-S[26]数据集，该数据集收集于 3 个不同建筑的 6 个大型室内区域。除了与 S3DIS 相同，包含彩色三维点云(共 695878620 个点)，还包含 RGB 图像、二维语义、深度图像、三维网格、三维语义和表面法向量等，如图 2.11 所示。

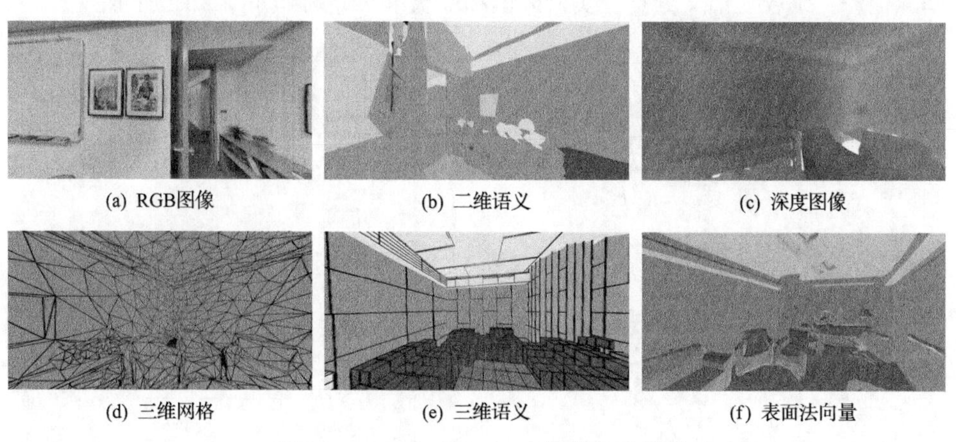

(a) RGB图像　(b) 二维语义　(c) 深度图像

(d) 三维网格　(e) 三维语义　(f) 表面法向量

图 2.11　Stanford 2D-3D-S 数据集示意图

### 2.2.5　其他类型点云

点云类型繁多，除了上述几种主流的点云类型，还有其他类型的点云，如本小节介绍的 ModelNet[27]、ShapeNet[28]和 PartNet[29]为对象级合成点云数据集。

1. ModelNet

ModelNet[27]数据集是由普林斯顿大学视觉与机器人实验室于 2015 年发布的一个三维 CAD 模型数据集。该数据集共有 662 种目标类、127915 个 CAD 模型以及 10 类标记有方向的数据，旨在为计算机视觉、计算机图形学、机器人和认知科学的研究人员提供全面的物体三维模型。该数据集共包含三个子集：①ModelNet10，10 个标记朝向的子集数据；②ModelNet40，40 个类别的三维模型；③Aligned40，40 类标记的三维模型。

2. ShapeNet

ShapeNet[28]是由斯坦福大学、普林斯顿大学和芝加哥丰田技术学院于 2015 年联合发布的一个三维形状数据集。该数据集用于研究计算机图形学、计算机视觉、机器人学以及其他相关学科。ShapeNet 是一个标注丰富的三维点云数据集，包含 300 万个三维模型。

3. PartNet

PartNet[29]是由斯坦福大学、加利福尼亚大学圣迭戈分校与英特尔人工智能研究人员于 2019 年联合发布的一个三维对象级细粒度标注数据集。该数据集包含超过 26671 个三维模型的 573585 个部件实例，涵盖 24 个对象类别，主要用于三个基准任务：细粒度语义分割、实例分割和层次语义分割，如图 2.12 所示。

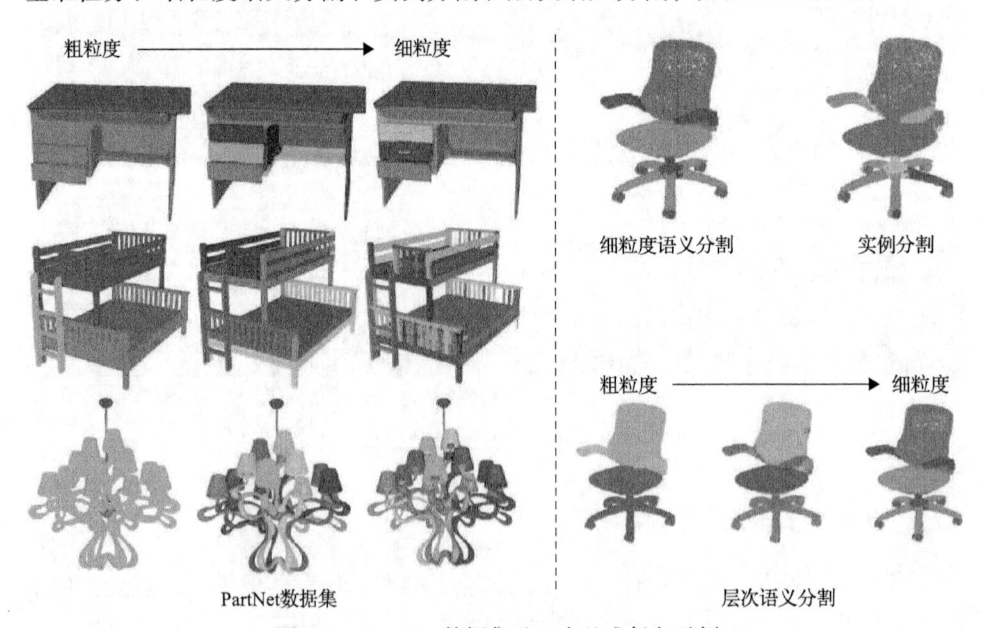


图 2.12 PartNet 数据集及三个基准任务示例

为方便读者对上述数据集有一个全面的认识，这里在点云类型、数据集及参考文献、发布年份、标注类别数、用途、采集场景、采集平台方面进行了对比，如表 2.1 所示。

**表 2.1　点云数据集对比**

| 点云类型 | 数据集及参考文献 | 发布年份 | 标注类别数 | 用途 | 采集场景 | 采集平台 |
|---|---|---|---|---|---|---|
| 激光点云 | ISPRS benchmark[1] | 2008 | 6 | 目标分类和三维建筑重建 | 室外(城市) | ALS |
| | Oakland 3-D[2] | 2009 | 44 | 目标分割和三维表面重建 | 室外(城市) | MLS |
| | KITTI[3] | 2011 | — | 立体图像评测、光流评测、视觉测距、三维物体检测、三维跟踪 | 室外(城市、乡村、高速公路) | MLS |
| | Sydney Urban Objects Dataset[6,7] | 2013 | 25 | 目标匹配、分类 | 室外(城市) | MLS |
| | Paris-rue-Madame [8] | 2013 | 17 | 目标检测、分割、分类 | 室外(城市) | MLS |
| | IQmulus & TerraMobilita Contest[9] | 2013 | 5 | 目标检测、分割、分类 | 室外(城市) | MLS |
| | Vaihingen3D airborne benchmark[10] | 2014 | 9 | 城市级分类、三维重建、语义分割 | 室外(城市) | ALS |
| | Semantic3D.net[11] | 2017 | 8 | 目标分类 | 室外(城市、乡村) | TLS |
| | Paris-Lille-3D[12] | 2018 | 10(50) | 自动分割、目标检测、目标分类 | 室外(城市) | ALS |
| | TUM-MLS[13,14] | 2016<br>2018 | 9 | 语义分割、实例分割 | 室外(城市) | MLS |
| | WHU-TLS[15-17] | 2018 | — | 配准 | 室外(地铁站、高铁站等 11 类场景) | TLS |
| | DBNet[18] | 2018 | — | 驾驶行为分析 | 室外(城市) | MLS |
| | MiMAP[19] | 2018 | — | 室内制图与定位 | 室内 | BLS |
| | SemanticKITTI[20] | 2019 | 28 | 语义分割、场景补全 | 室外(城市、乡村、高速公路) | MLS |
| | DALES[21] | 2020 | 8 | 语义分割 | 室外(城市) | ALS |
| | Toronto-3D[22] | 2020 | 8 | 语义分割 | 室外(城市) | MLS |
| 影像点云 | SensatUrban[23] | 2020 | 13 | 语义分割 | 室外(城市) | ALS |
| RGB-D 点云 | ScanNet[24] | 2017 | 21 | 目标分类、语义分割、CAD 模型检索 | 室内 | RGB-D |
| 结构光点云 | S3DIS[25] | 2016 | 13 | 语义分割 | 室内 | Matterport |
| 合成点云 | ModelNet[27] | 2015 | 10 | 三维形状分类、检索、识别、预测 | 室内 | Synthetic |
| | ShapeNet[28] | 2015 | 55 | 语义分割、实例分割 | 室内 | Synthetic |
| | PartNet[29] | 2019 | 24 | 细粒度语义分割、实例分割、层次语义分割 | 室内 | Synthetic |

## 2.3　点云语义分割方法概述

目前，国内外基于三维点云数据的场景语义分割方面的研究已有较多的成熟方法，其中传统的三维场景语义分割方法居多。这类方法通常需要先将地面点滤除，再基于三维点云进行目标提取，且需要设置较多的阈值参数，具体主要包括基于统计分析的方法、基于投影图像的方法、模板匹配法以及逐点分割法等。近年来，随着深度学习技术在二维图像分类、目标检测等方面的突出表现，研究者也逐渐尝试将其应用到三维场景语义分割领域并扩展到激光点云数据，以期望提高三维场景语义分割的自动化、智能化水平，目前已初见成效。研究方法主要分为两大类：融合二维图像与三维点云的深度学习语义分割方法和直接基于三维点云的深度学习语义分割方法。

深度学习语义分割方法与传统语义分割方法(包括模式识别方法)的最大不同在于：它是从大数据中自动学习特征，而非采用手工设计的特征。同时，深度学习语义分割方法可以针对新的应用从训练数据中很快学习得到新的有效特征；深度学习语义分割方法自动学习特征中可以包含成千上万的参数。2017 年，文献[30]提出了基于深度学习、集成学习框架的高分辨率遥感图像语义标注方法，该方法在 ISPRS 基准数据测试中获得了最高的分类精度。然而，深度学习在点云信息提取中的研究才刚刚开始，亟待深入研究和应用。基于深度学习的复杂三维场景语义分割技术具有重要的研究价值和广阔的应用前景。本节将对基于三维点云的场景语义分割研究进行概述。

### 2.3.1　统计分析法

统计分析法通常用来分割平面或某一类特定目标，其主要包含以下 4 类。

1. 基于法向量或纹理特征的聚类方法

聚类是按照某个特定准则把一个点云数据集分割为不同的类或点簇，使得同一个簇内点的相似性尽可能大，而不在同一个簇内点的差异性尽可能大，主要用来提取平面、建筑物立面或某一特定语义类别如电线杆等[31-34]。例如，文献[31]首先将地面点从原始三维点云场景滤除，然后采用欧氏距离聚类方法对非地面点进行聚类，分离出空间上相互独立的目标类，接着，将用于图像分割的归一化分割方法进行改进，构造一个基于体素的分割模型，将包含多个语义目标的目标聚类分割成单独的语义目标。为了将语义目标进行快速、有效分割，该方法需要首先滤除地面点，然后对非地面点进行聚类；另外，对于包含多个严重重叠语义目标的目标聚类，该方法会失效，因此这种分割方法的应用场景具有一定局限性。

文献[4]采用模糊聚类方法进行平面分割，该方法针对高噪声的不同场景，均能提取近似平面。聚类初期不考虑边缘点，而是在点云处理后期将它们归属到检测到的平面中。该方法适用于不同的应用场景，但是分割的最终质量基本上依赖人工设置的细化参数阈值。例如，文献[33]同样需要先设置表面类别和每个语义类的特征，且生成的点簇个数由标准偏差阈值控制，该阈值过大，会出现分割不足的现象，阈值过小，又会出现过度分割的问题。文献[34]提出了一种基于形状的分割方法，该方法首先计算每个点的最优邻域大小，得到与其相关的几何特征；然后利用支持向量机(support vector machines, SVM)根据几何特征对点云进行分类；接着定义了一组分割点云的规则，并提出一种分割点云的相似性准则，以克服过分割的缺点；最后将基于拓扑连通性的分割输出合并为有意义的几何抽象。该方法对杆状目标的分割效果较好。由以上分析可知，基于聚类的语义分割方法通常需要定义一系列的语义约束规则或设置各个待分割语义类的结构特征来实现特定目标分割。

2. 随机采样一致性方法

随机采样一致性(random sample consensus, RANSAC)方法是一种稳健的平面拟合方法，得到了广泛应用。该方法在平面分割过程中首先随机采样三个或三个以上的点进行平面拟合，然后依据点的法向矢量与拟合面法向矢量的夹角或点到拟合面的距离是否小于给定的阈值逐个判断其余点是局内点还是局外点，循环一遍之后若归属到初始平面的局内点数大于给定的平面点数阈值，则利用归属到该平面的所有局内点采用最小二乘法、特征值法等重新拟合平面。接着从剩余的局外点中重新随机抽取三个或三个以上的点，重复以上过程。在完成一定的抽样次数之后，含局内点数最多的采样面为最终的平面分割结果。该方法主要用来提取建筑物的顶面、立面和地面等信息。例如，文献[35]在数据预处理阶段采用 RANSAC 方法将地面点滤除，基于建筑物的尺寸和形状特征进行建筑物立面提取。现实中的建筑物大多具有规整的几何形状且呈直角转折，因此通常采用 RANSAC 方法提取建筑物立面。类似地，文献[36]利用 RANSAC 方法对建筑物立面进行检测。该方法通常以点到近似拟合平面的距离为判断准则，分割效果受设置的距离阈值影响较大，对于细节特征丰富的立面，相互之间的距离很近，邻接关系也更为错综复杂，容易出现邻近点误判的现象。针对该问题，文献[37]提出了将距离和相邻点之间的邻接关系同时作为判断准则，引入点云的 $r$ 半径密度，将局外点和噪声点剔除，并且在方法优化阶段设置了角度和距离两个约束条件，提取出最终的建筑物立面特征平面。针对平面拟合中的粗差和异常值等问题，文献[38]以 RANSAC 方法为基础，结合特征值拟合，利用约束条件剔除点云数据中存在的粗差及异常值。RANSAC 方法与特征值法的结合方式为：首先根据 RANSAC

方法准则选择出局内点数量最多的一组点；然后将选出的一组点进行特征值拟合，从而求出平面模型参数。类似地，为消除扫描时由行人通过、树木遮挡等造成的点云数据中包含的异常点，文献[39]采用稳健特征值法进行平面拟合，稳健特征值法是在特征值法的基础上发展而来的，首先利用特征值法求得初始拟合平面的参数，并计算每个点到拟合平面的距离，然后计算距离的标准偏差，将该标准偏差与设定的阈值进行比较以判断此点是否为异常点。文献[40]基于整体最小二乘法，通过一定的准则剔除点云数据中的粗差或异常值。RANSAC 方法平面分割的效果受随机点的选择、点到平面的距离以及点与平面的法向矢量夹角等阈值的影响较大，且该方法对边界点的分割效果较差，除此之外，由于平面拟合过程需要进行多次迭代，方法的运算效率较低。

3. 区域增长法

区域增长法的基本思想是：首先人工或随机选择种子点，然后在邻域中选择与种子点具有相同或相似属性的点，将其合并到种子点所在的区域中，直到没有相似的点被包含进来，一个区域就生长完成。该类方法的关键是种子点的选取和相似区域判定准则的确定，即根据某种规则选取种子点，然后根据邻域搜索半径查询邻近点。通常情况下，一个区域生成之后，需要统计归属到该区域的点数，对于建筑物立面、屋顶面、地面等目标，归属到该区域的点数越多，通常分割出的平面越接近现实情况，若归属到该区域的点数小于给定的最小点数阈值，则说明当前种子点选取不合适，需要取消该种子点，重新进行种子点的选择。该方法简单易实现，但是种子点的选择不同或者区域生长的规则不同，最终生成的平面也就不同，通常用于初步的语义分割，精细化处理阶段需要与其他方法混合使用。例如，文献[41]采用 RANSAC 方法和区域增长法对建筑物立面进行分割。文献[42]首先利用区域增长法和霍夫变换法对三维点云进行分割；然后根据分割后的点云片段的平面性、倾斜度、高度以及宽度等特征对点云片段进行分类，并从中提取出建筑物立面结构。文献[43]在八叉树索引结构的基础上，将区域增长法与 RANSAC 方法相结合进行点云平面分割。该方法首先根据叶子节点阈值在区域点云上创建八叉树索引，从根节点开始由上而下依次在各个子节点中进行平面度测试，筛选出种子点平面；然后将种子点平面参数作为区域增长约束得到初始分割结果，在初始分割结果后处理阶段，利用分割单元邻域关系和平面法向矢量夹角作为约束条件的区域增长法进行平面合并以解决过分割问题，利用 RANSAC 方法解决区域增长法中的欠分割问题。文献[44]在多站点云配准过程中，采用区域增长法提取每站扫描三维点云的初步分割平面。另外，由于需要进行邻域检索并迭代多次，区域增长法效率较低，难以实现三维目标的快速提取，针对该问题，文献[45]～[47]利用基于体素的生长代替点层面的生长。

4. 霍夫变换法

霍夫变换最初是图像处理中的一种特征提取技术[48]，通过一种投票机制检测具有特定形状的物体，后被推广到点云数据处理中[49]。该方法首先将点云中点的坐标方程参数化到极坐标空间，然后在极坐标空间通过投票统计和峰值探测得到一个符合该特定形状的集合作为霍夫变换结果。例如，文献[50]在不规则三维点云中检测屋顶平面；文献[51]提出了一种三维霍夫空间投票方法来确定从人工三维模型学习到的物体类别；文献[52]依据点云法向矢量进行霍夫变换，不仅能够识别平面特征，还可将墙角等特征突变点进行有效分离。霍夫变换法每个点需要参与多次投票，计算量大、占用内存多，而且计算复杂度和存储量随参数和数据量的增加呈指数增长。针对该问题，文献[53]将传统的三维霍夫变换与区域增长法相结合，首先通过选取初始种子点，计算与其最邻近的 20 个点，得到初始平面，而不必将所有的数据点都映射到特征空间进行统计；然后利用区域增长法检测平面上的点，待所有点检测完成之后，更新平面参数。该过程迭代多次，直到提取出所有的平面特征。采用的区域增长法极大地降低了霍夫变换的计算量。文献[54]提出了一种快速的三维语义分割方法。该方法首先在高密度空间对点云进行下采样，生成多尺度金字塔，使点密度逐渐趋于平衡；然后采用霍夫森林分类器对每个尺度级别分别进行特征提取，使得每个尺度级别内部每个点的邻近点数 $k$ 接近一个常量。针对标准三维霍夫变换存在参数空间分布不一致的问题，文献[55]首先定义一个单位离散极坐标系，然后在空间右旋 90°形成一个对偶三维空间，接着在对偶空间实施三维霍夫变换。

### 2.3.2　投影图像法

当基于三维点云进行场景分割时，基于投影图像的语义分割方法被广泛采用。该方法首先通过平面投影、权值计算、格网特征值等方法生成三维点云对应的某一类型的二维图像，或者与某一类型的辅助图像(如距离图像、强度图像、电荷耦合器件(charged coupled device, CCD)图像等)相融合，然后充分借鉴二维图像处理中的分割方法与点云三维空间几何分析相结合的方式进行语义场景分割。文献[56]提出了一种结合图像颜色的地面激光扫描点云分割方法。文献[57]提出了一种从点云生成距离图像的方法，并从检测到的连通分量中提取特征。文献[58]提出了快速光学方位角(fast optical bearing angle, FOBA)二维图像模型，并将四种二维图像模型(距离图像、方位角图、光学方位角图、快速光学方位角图)的性能与原始三维点云进行了比较，结果表明基于二维图像的分割方法的分割精度稍有损失，但计算效率明显提高。文献[59]提出了一种融合二维图像和三维点云的语义分割方法，二维图像和三维点云首先分别采用超量等值线图(ultrametric contour map, UCM)分类器和体素云连通性分割(voxel cloud connectivity segmentation, VCCS)分类器各自进行分割，然后对两种感知模式重叠覆盖范围内的区域通过融合分类器重新进行分类，最后采用条件随机场(conditional random field, CRF)后处理方法保证空间一致性。文献[60]首先将整个点云区域投影到 *XOY* 平面，采用距离加权倒数(inverse distance weighted, IDW)内插方法生成激光扫描点云的特征图像；然后采用阈值分割等手段提取特征图像中的建筑物目标的粗糙边界；最后对粗糙边界内的建筑物目标点云进行平面分割，提取建筑物立面特征。类似地，文献[61]～[63]首先采用平面分割方法将点云划分到不同的格网中，根据点云的空间分布特性计算每个格网中对应点的权值；然后采用格网特征值、IDW 等方法生成地理参考点云特征图像；最后基于特征图完成建筑物目标点云的识别。

这类方法将整个三维点云投影到二维空间，采用二维图像的处理方式提取特征，虽减少了数据量，降低了数据处理难度，但存在如下问题：①丢失了丰富的三维空间信息；②自动化程度低，投影过程中需设置多个阈值，例如，采用平面投影、格网特征值法时需设置格网采样间隔、宽度和高度等阈值，采用权值计算时需设置平面距离权值、高程差异权值、格网点权值等，阈值的设置直接影响生成二维图像的分辨率，进而影响最终特征提取的效果；③将三维点云投影到二维空间，点云和图像之间的匹配难度较大，这一问题将在第 5 章进一步讨论。

### 2.3.3 其他传统语义分割方法

1. 模板匹配法

模板匹配法是图像处理和点云数据处理中具有代表性的方法之一，是从待识别点云中提取若干特征向量与模板对应的特征向量进行比较，依据某种语义规则判定所属类别，用来提取特定的几何特征，如平面、圆柱和球体等，该方法需事先建立标准模板库或语义知识库。例如，文献[64]提出了一种适用于城区大场景中建筑物立面的提取方法，该方法首先根据不同的生长规则将扫描点粗分割为杆状、面状和球状三类，在粗分割过程中采用基于维数特征的邻域选择方法计算每个扫描点的最佳邻域，然后根据地物的空间拓扑关系、尺寸和方向等几何属性建立地面、交通灯、电线杆、屋顶、建筑物立面、植被和围墙篱笆 6 种地物的先验语义知识，通过综合建筑物立面的语义知识提高大场景中建筑物立面提取结果的正确率和完整性。文献[65]首先采用区域增长法分割出非地面点，然后建立知识库相关特征类，并将建筑物、行人、交通灯和树木 4 种主要地物类型的点云特征与知识库建立一一对应关系，最后根据设定的阈值完成这 4 类地物目标的自动识别和分类。文献[66]利用模型匹配法提取建筑物几何形状，如窗户、门和凸起等。模板匹配法在建立模型知识库时需要大量的先验知识，需要人工辅助判断、采用半自动方式进行，智能化程度较低。

2. 逐点分割法

逐点分割法以点为单位，要把每个点的类别识别出来，在识别的过程中还需要考虑点的邻域关系。例如，文献[67]使用 jointBoost 分类器识别地形、建筑物、植被、电力线和塔。文献[68]从原始激光雷达点云数据中提取各种特征用于陆地覆盖分类，这些特征包含来自不同维度的单点特征和邻域特征。文献[69]使用马尔可夫随机场(Markov random field, MRF)标记每一个点的类别。该类方法的优点为使用了基于相邻点之间连接的模型，通过最小化一个能量函数求解并优化分割结果，最终为每一个点标注一个语义类别。但是，该类方法模型参数的计算量大，花费时间长。

### 2.3.4 二维图像深度学习语义分割方法

近年来，在图像语义分割数据集的推动下，涌现了一批优秀的深层语义分割架构。随着三维获取技术的高速发展，首先数据采集时采用多传感器融合的方式获得多源数据，如同时获取三维点云和图像；然后，充分利用卷积神经网络(convolutional neural networks, CNN)在二维图像中进行目标分割的优势进行场景语义分割；最后，将分割结果映射到三维点云。本节基于深度学习采用多传感器融合方式进行场景语义分割的经典网络进行概述，以与二维图像相融合为主。这些经典深度网络在场景分类与分割领域做出了重大贡献，已成为许多语义分割架构的基础构成模块，如全卷积网络(fully convolutional network, FCN)、视觉几何组(visual geometry group, VGG)、SegNet、DeepLab 和残差网络(residual network, ResNet)等。下面对其网络结构及主要贡献进行详细介绍。

1. FCN

2015 年，加利福尼亚大学伯克利分校的 Long 等[70]提出了 FCN，其主要特点是使用 CNN 中的卷积层直接替换全连接层，进而把图像的语义分割问题转化为对图像中所有像素点的分类问题。FCN 对图像进行像素级的分类，从而解决了语义级别的图像分割问题。其作为图像语义分割的先河，为后续使用 CNN 作为基础的图像语义分割方法提供了重要基础。FCN 的核心贡献在于通过卷积学习使图像实现 end-to-end 分类。在训练模型时，先得到 FCN-32s，在此基础上，将深层特征与浅层特征相结合，优化后得到FCN-16s，与上一层特征相结合，得到FCN-8s，再继续与上一层特征相结合，结果不能继续优化。将深层特征、局部特征与浅层特征、全局特征进行结合的方式如图 2.13 所示，利用这种跳跃式的网络结构，得到了考虑全局特征情况下学习更精细的局部特征。

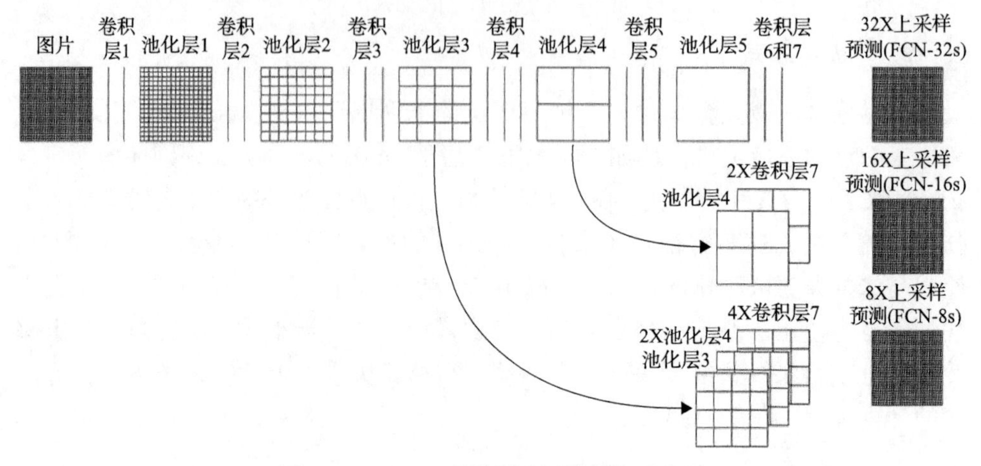


图 2.13　FCN 三种跳跃式网络结构示意图

但是，网络使用了较浅层的特征，导致高维特征不能很好地得以使用；同时使用较上层的池化特征，导致 FCN 对图像大小变换有所要求，若测试图像远大于或远小于训练集的图像，则 FCN 的效果较差。FCN 模型分别在 PASCAL VOC 2012、NYUDv2、SIFT Flow 和 PASCAL Context 数据集上进行了验证和测试，其中 FCN-8s 在 PASCAL VOC 2012 测试集上的平均交叠率(mean intersection over union, mIoU)为 62.2%，在 PASCAL Context 上的像素精度为 71.8%；FCN-16s 在 SIFT Flow 上的像素精度为 85.2%。

2. VGG

VGG[71]是牛津大学于 2014 年提出的卷积神经网络模型。该模型参加了 2014 年的 ImageNet 图像分类与定位挑战赛，取得了在定位任务上排名第一、在分类任务上排名第二的优异成绩。其主要贡献是证明了增加网络的深度(使用较小的卷积核)可以实现对现有配置技术的显著提升。在 VGG 中，根据卷积核大小和卷积层数目的不同，可设置 A、A-LRN、B、C、D、E 共 6 个配置，如图 2.14 所示(粗体表示增加的层)，其中以 D 和 E 两种配置较为常用，分别称为 VGG16 和 VGG19，数字 16 和 19 表示网络深度。

3. SegNet

SegNet 是剑桥大学于 2015 年提出的在 FCN 的基础上，通过修改 VGG-16 网络得到的语义分割网络[72]。SegNet 是一种编码器-解码器结构，编码器就是采用 VGG16 的网络拓扑架构，解码器的作用是将下采样之后提取到的特征图映射为原始分辨率大小的特征图，如图 2.15 所示。其突出贡献是将最大池化索引复制到解码器中。与 FCN 相比(FCN 仅复制了编码器特征)，SegNet 复制了每个编码器的最大池化索引，解码器使用从相应的编码器接收到的最大池化索引来进行输入特征图的非线性上采样，消除了上采样的学习需求。SegNet 在 VOC 2012 上测试的基准分值为 59.9%，但在内存使用和计算时间上，SegNet 更为高效。

| 配置 | | | | | |
|---|---|---|---|---|---|
| A | A-LRN | B | C | D | E |
| 11个权重层 | 11个权重层 | 13个权重层 | 16个权重层 | 16个权重层 | 19个权重层 |
| 输入(224×224像素的RGB图像) | | | | | |
| conv3-64 | conv3-64<br>**LRN** | conv3-64<br>**conv3-64** | conv3-64<br>conv3-64 | conv3-64<br>conv3-64 | conv3-64<br>conv3-64 |
| 最大池化 | | | | | |
| conv3-128 | conv3-128 | conv3-128<br>**conv3-128** | conv3-128<br>conv3-128 | conv3-128<br>conv3-128 | conv3-128<br>conv3-128 |
| 最大池化 | | | | | |
| conv3-256<br>conv3-256 | conv3-256<br>conv3-256 | conv3-256<br>conv3-256 | conv3-256<br>conv3-256<br>**conv1-256** | conv3-256<br>conv3-256<br>**conv3-256** | conv3-256<br>conv3-256<br>conv3-256<br>**conv3-256** |
| 最大池化 | | | | | |
| conv3-512<br>conv3-512 | conv3-512<br>conv3-512 | conv3-512<br>conv3-512 | conv3-512<br>conv3-512<br>**conv1-512** | conv3-512<br>conv3-512<br>**conv3-512** | conv3-512<br>conv3-512<br>conv3-512<br>**conv3-512** |
| 最大池化 | | | | | |
| conv3-512<br>conv3-512 | conv3-512<br>conv3-512 | conv3-512<br>conv3-512 | conv3-512<br>conv3-512<br>**conv1-512** | conv3-512<br>conv3-512<br>**conv3-512** | conv3-512<br>conv3-512<br>conv3-512<br>**conv3-512** |
| 最大池化 | | | | | |
| FC-4096 | | | | | |
| FC-4096 | | | | | |
| FC-1000 | | | | | |
| Softmax函数 | | | | | |

图 2.14　VGG 网络结构配置图

FC 表示全连接层，数字表示本层的节点数，如 FC-4096

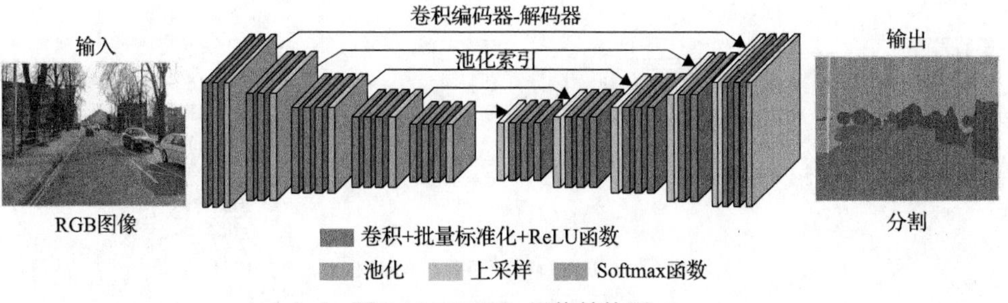


图 2.15　SegNet 网络结构图

4. DeepLab

DeepLab[73-75]是由 Google 提出的图像语义分割模型，目前有 V1、V2 和 V3 三个版本，分别于 2014 年、2016 年和 2017 年被提出，如图 2.16 所示。V1 为了

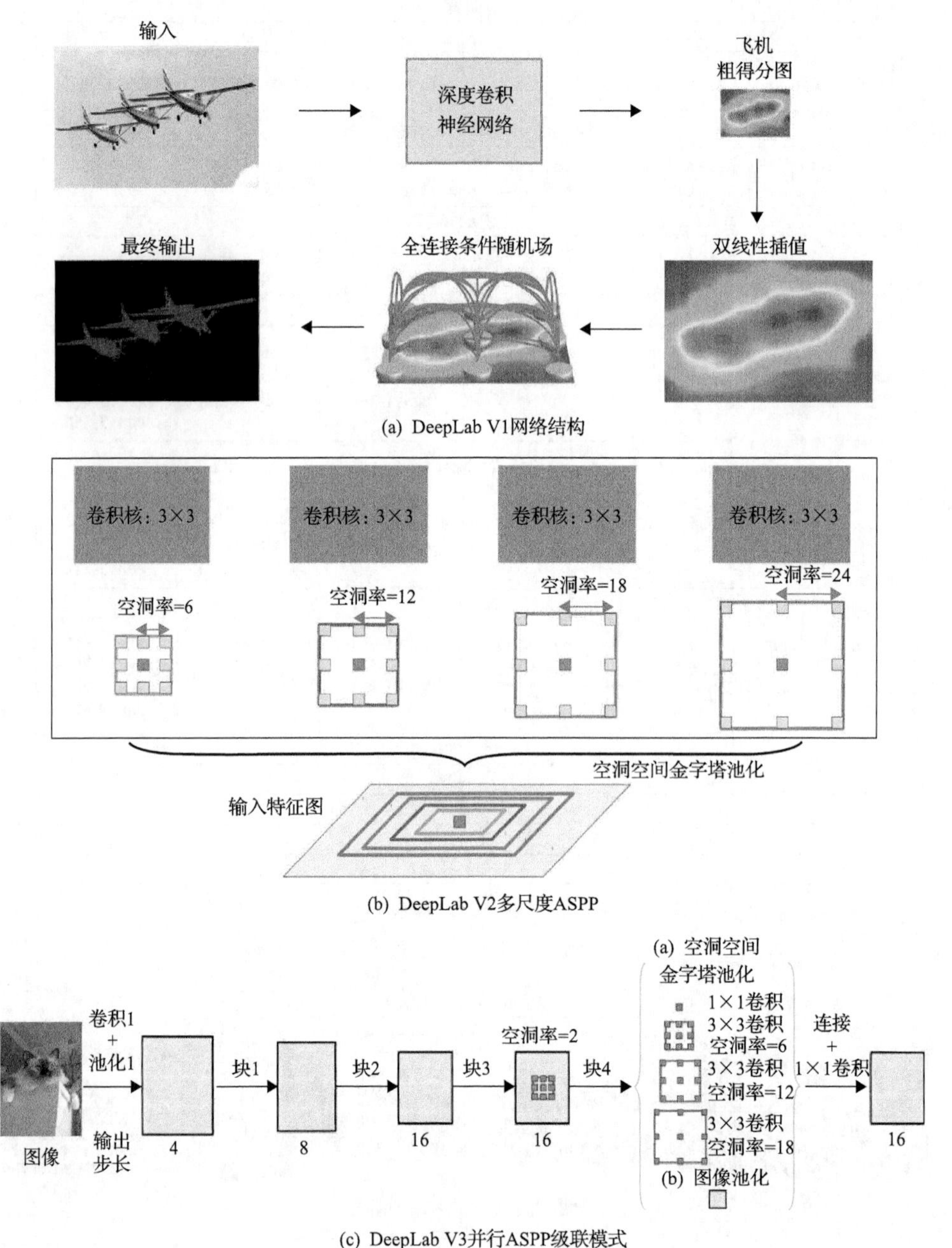


图 2.16　DeepLab 三个版本网络结构对比示意图

避免池化引起的信息丢失问题，采用了空洞卷积(atrous convolution)结构，在增大感受野的同时不增加参数数量，同时保证信息不丢失。与 V1 相比，V2 增加了多尺度，使得目标在图像中表现为不同大小时仍能够有很好的分割效果，基础结构由 VGG16 改为 ResNet。在 V2 的基础上，V3 采用了更通用的框架，设计了串行、并行的空洞卷积级联模块，采用多种空洞率来获取多尺度的内容信息，挖掘不同尺度的卷积特征，在空洞空间金字塔池化(atrous spatial pyramid pooling, ASPP)中增加了批量归一化 BN(batch normalization)层，并且取消了全连接条件随机场(fully connected conditional random field, FCCRF)后处理。DeepLab 的主要贡献是使用了空洞卷积，提出了空洞空间金字塔池化。V1、V2 和 V3 三个版本在 PASCAL VOC 2012 测试集上的 mIoU 值分别为 71.%、79.7%和 85.7%。该模型不仅适用于大规模城市街景分割，还适用于混合的复杂场景分析。

5. ResNet

ResNet[76]的提出是 CNN 图像史上的里程碑事件，其在 ILSVRC 2015 和 COCO 2015 竞赛上取得了 5 项第一(在 ImageNet 上分类、检测、定位，在 COCO 上检测和分割)，CNN 模型在 ImageNet 上的性能再创新高。理论上，对于复杂问题，使用越深的网络结构往往能够取得越好的性能。然而在实际应用中发现，随着网络层数的加深，出现了训练集下降的现象。其原因是在网络达到一定深度后，梯度逐渐消失。ResNet 为解决该“退化”问题，设计了残差模块，在输入和输出之间建立了一个直接连接，即图 2.17 中的曲线部分($x$)，使得新增加的层仅在原来输入的基础上学习新的特征，即残差学习。ResNet 网络结构参考了 VGG19 网络，在其基础上进行了修改，通过短路机制加入了残差单元。

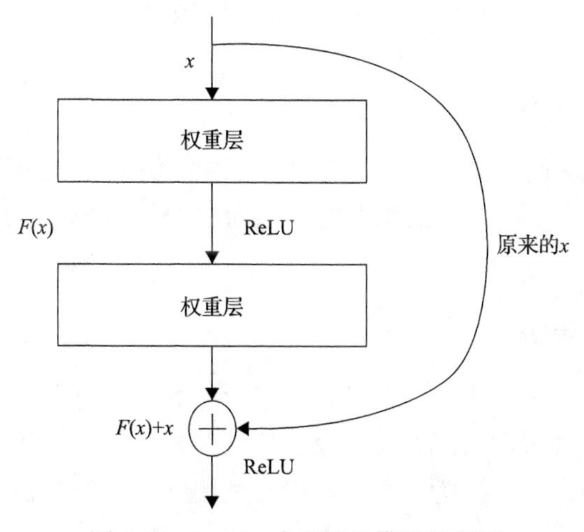


图 2.17　ResNet 中的残差模块示意图

### 2.3.5　三维点云深度学习语义分割方法

图像表示方式大多为密集阵列式的，像素点之间等距有序地排列在一起，使得基于卷积的一系列操作在图像数据上能够得到统一的输出，而点云不规则且无序，输入数据顺序的不稳定使得深度神经网络很难直接应用到点云数据上。因此，基于三维点云的深度学习语义分割方法研究还处于初级阶段，相应的网络结构也相对较少。从 2017 年开始，点云深度学习技术得到繁荣发展，涌现出了大量方法用来解决该领域的不同问题。2020 年 6 月，Guo 等[77]发表了一篇关于三维点云的深度学习综述，其中包括三维点云的语义分割。文献[77]把基于三维点云的深度学习语义分割方法分为四大类：基于投影的方法、基于离散的方法、混合方法以及基于点的方法，如图 2.18 所示。

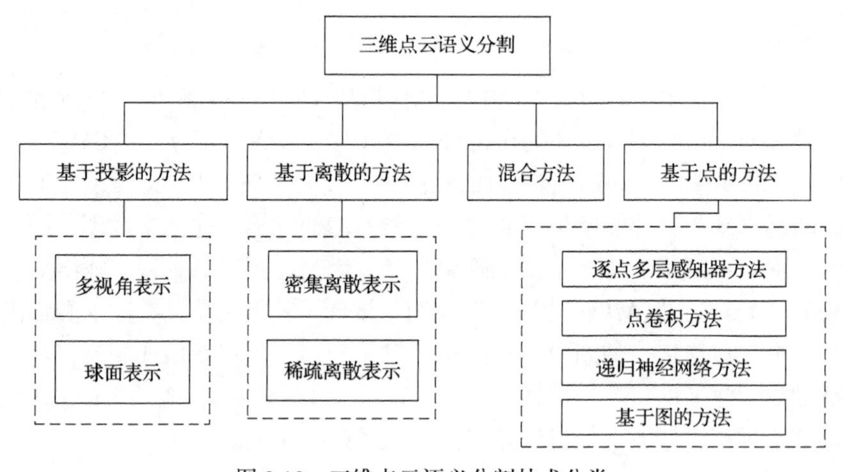


图 2.18　三维点云语义分割技术分类

1. 基于投影的方法

基于投影的方法通常将三维点云投影到二维图像中，包括多视角图像和球面图像。其中，多视角的表示如 SnapNet[78]和 DeepRs3SS[79]；球面表示如 SqueezeSeg[80]和 SqueezeSegV2[81]。

2. 基于离散的方法

基于离散的方法通常将点云转换为密集/稀疏离散表示形式，密集离散表示又称为体素表示，稀疏离散表示又称为超多面体晶格表示。对于体素表示形式，早期的方法通常将点云体素化为密集的网格，利用标准的三维卷积操作，如 Huang J-3DCNN[82]模型。

Huang J-3DCNN 模型是由南加利福尼亚大学的 Huang 等[82]于 2016 年提出的基于三维卷积神经网络的点云标注模型。该模型结构简单，包括两个卷积层、两个最大池化层、一个全连接层和一个 Softmax 层，如图 2.19 所示。三维场景最终分割为 8 个语义类：建筑物、树、电线杆、汽车、地面、屋顶、电线及背景类。该模型主要贡献有两个：①通过密集体素网格解析点云，生成一组占位体素，这些体素被用作三维 CNN 的输入，每个体素生成一个标签，标签被映射到点云；②设计了一个全三维的卷积神经网络结构，即卷积核为三维卷积核，卷积层 $C(n, d, f)$ 表示神经网络输入尺寸为 $n\times n\times n$，卷积核(特征图)个数为 $d$，卷积核大小为 $f\times f\times f$。

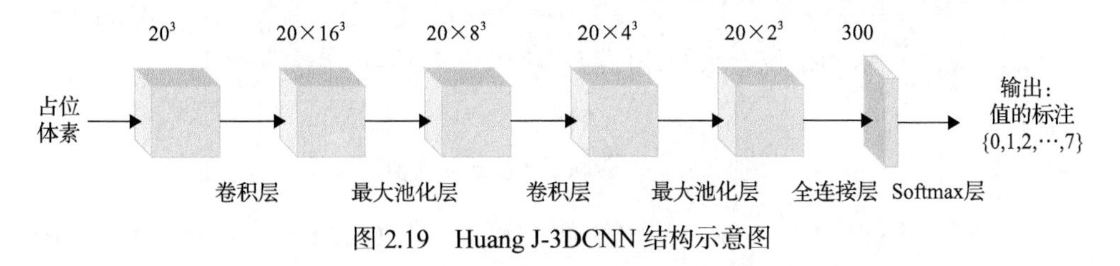


图 2.19　Huang J-3DCNN 结构示意图

3. 混合方法

为了进一步利用所有可用的信息，有些方法尝试学习多模态特征。例如，Dai 等[83]提出了联合利用 RGB 特征和几何特征的 Joint 3D-multiview 网络。该网络利用一个三维 CNN 流和多个二维流提取特征，使用一种可微的反投影层将学习到的二维特征和三维几何特征融合在一起。

4. 基于点的方法

由于点云具有无序、无结构等特性，直接应用标准的 CNNs 处理不规则点云难度较大。2017 年，PointNet 网络提出使用共享多层感知机(multi layer perceptions, MLP)学习点特征，使用对称池函数学习全局特征，这是深度神经网络结构直接作用于三维点云的一项开创性工作，共有 PointNet[84]和 PointNet++[85]两个版本。随后，以 PointNet 为基模型，陆续出现了基于点的多种方法，如 PointCNN 和 GACNet。

1) PointNet

PointNet 是由斯坦福大学的 Qi 等[84]于 2017 年 4 月提出的直接作用于三维点云的深度神经网络，属于深度学习成功应用于三维点云的一项开创性的工作，以原始点云为深度神经网络的输入，为分类、构件分割和场景语义分割提供了统一的体系结构。其网络结构示意图如图 2.20 所示，包含分类和分割两个子网络。网络输入 $n\times 3$ 的数据，其中 $n$ 表示采样点的个数，3 表示三维坐标。经过多个多层感知器获得 $n\times 1024$ 维的采样点特征，使用最大池化进行对称操作得到 1024 维的全局特征。其中，在分类模型中直接经过几层降维输出 Softmax 分类概率，而分割模型将全局特征串接到采样点特征之后，再进行多层网络输出。

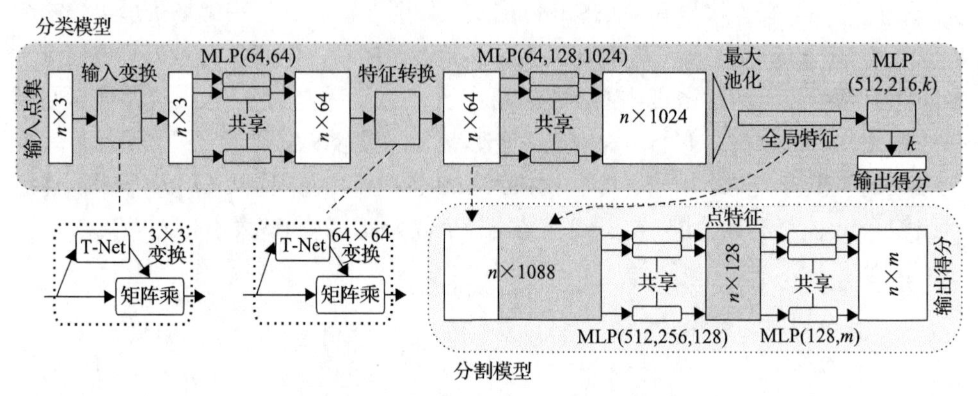


图 2.20　PointNet 网络结构示意图

分类模型的特殊之处在于使用了两个转换矩阵(input transform 和 feature transform)，可以在深度学习过程中保持点云数据的旋转不变性。其中，input transform 是一个 3×3 的矩阵，作为深度学习的一个参数存在；feature transform 维数较大(64×64)，通过采用正交约束的方法限制该矩阵，从而使优化可以快速收敛。分类模型首先通过两个矩阵变换和 MLP 生成特征，然后使用最大池化层进行聚合，生成描述原始输入点云的全局特征；接着将该全局特征输入另一个 MLP，为每个类别赋予类别标签。分割模型先将全局特征与分类模型提取的特征进行融合，再通过另外两个 MLP 为每个点赋予类别标签。在语义场景分割时，使用了 Stanford 2D-3D-S 室内场景数据集，取得了平均交叠率为 47.71%、整体精度(overall accuracy, OA)为 78.62%的分割效果。

PointNet 网络模型的缺陷为大部分或者说几乎全部的处理都是针对单个采样点的，而整合所有采样点特征的网络层只有最大池化层，没有考虑点云的局部特征提取，限制了它识别细粒度模式的能力和对复杂场景的泛化能力。2017 年 6 月，该研究团队对 PointNet 进行了改进，提出了 PointNet++。

2) PointNet++

PointNet++[85]是一种分层神经网络，首先对点云进行采样和区域划分，然后在各个小区域内递归地采用 PointNet 网络模块进行特征提取，最后对点云的全局特征和局部特征进行融合(把全局特征矩阵与局部特征矩阵累加)。点云通常是在不同密度下采样的，从而导致在均匀密度上训练的网络的性能大大降低，为了解决非均匀点采样问题，PointNet++提出了两个新的集合抽象层，根据局部点密度智能地学习多尺度的特征，网络结构示意图如图 2.21 所示。其重点在于区域的划分，即确定每个区域的中心位置和区域的半径。针对区域中心位置的选择，采用了快速点采样(farthest point sampling, FPS)的方法。针对区域的半径，提出了多尺度划分(multi-scale grouping, MSG)和多分辨率划分(multi-resolution grouping, MRG)两种方法。点云分布不均匀，每个子区域中若在分区时使用相同的球半径，则会导致有些稀疏区域采样点过小，MSG 会降低运算速度。MRG 方法对不同层级的分组做了一个连接，但是由于尺度不同，对于低层级的分组，先放入一个 PointNet 进行处理，再和高层级的分组进行连接。PointNet++在 ScanNet 数据集上取得了 73.9%的准确率。

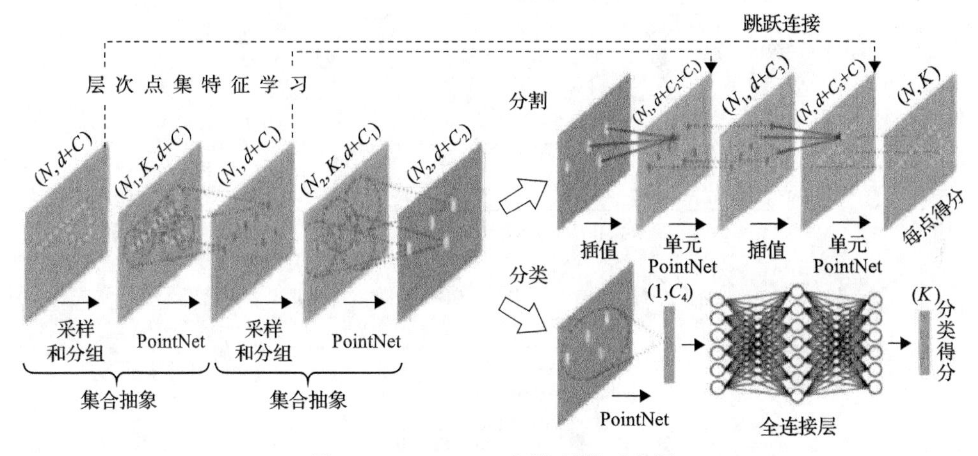


图 2.21　PointNet++网络结构示意图

点云可以高效地表达三维稀疏数据，但分布不均匀且排列无序，直接使用 CNNs 很难高效地进行特征学习。为此，2018 年，PointCNN[86]提供了一个能够高效地从点云中提取特征的方法，称为点卷积方法(point convolution method, PCM)。

3) PointCNN

PointCNN 是由山东大学的 Li 等[86]提出的一个简单通用的全卷积点云特征学习架构，如图 2.22 所示。其中，$N$ 和 $C$ 分别表示输出代表点的数量和特征维度，$K$ 为每个代表点的近邻点数量，$D$ 为 $X$-Conv 的扩张率。该架构首先利用 $X$-变换来解决在点云上难以有效实现卷积的问题，其基本构架模块是 $X$-Conv，具体为使用 MLP 根据 $K$ 个输入点$(p_1, p_2, \cdots, p_K)$的坐标来学习 $K\times K$ 的 $X$-变换，即 $X$=MLP$(p_1, p_2, \cdots, p_K)$，然后将其作为输入特征，同时进行加权，并将它们变换成潜在的规范顺序，最后将典型的卷积应用在这个变换后的特征上。PointCNN 的主要贡献是提出了 $X$-Conv 算子，将点坐标变换为特征，即点的近邻点被变换成点的局部坐标系，每个点的局部坐标都被单独提取到特征中，再与相关联的特征相结合。PointCNN 在 Stanford 2D-3D-S 数据集上的 mIoU 为 62.74%。实验结果表明，使用 $X$-Conv 构建的 PointCNN 显著优于直接在点云上应用典型的卷积，并且胜过之前用于直接处理点云数据最佳的卷积神经网络 PointNet++。PointCNN 的优势在数据越稀疏时越能展现出来，而在一般的图像上，PointCNN 的性能不如 CNN。虽然 $X$-Conv 用来在三维点云上进行卷积，并且在实验中展示了较高的性能，但对其理论方法，尤其是如何有效地将其用于深度神经网络还需进一步研究。

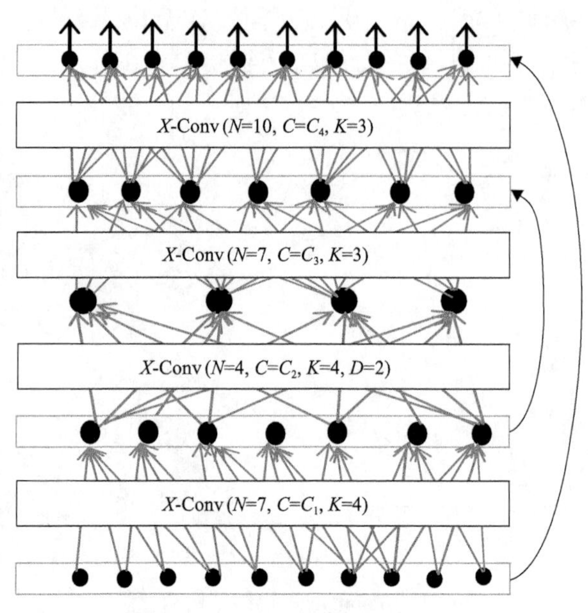


图 2.22　PointCNN 分割架构示意图

基于 PointNet，人们提出了基于循环神经网络的方法，以获得点云的内部上下文特征；同时提出了图神经网络，以获取三维点云中潜在的形状和几何结构，如 Superpoint graph[87]、PyramNet[88]以及 GACNet[89]等。下面以 GACNet 为例介绍基于图的神经网络方法。

4) GACNet

图注意力卷积网络(graph attention convolution network, GACNet)用于从局部邻域集中选择性地学习相关特征。GACNet 根据不同邻域点和特征通道的空间位置和特征差异，动态地分配注意权值。GACNet 可以捕获判别特征并进行分割，具有与常用的条件随机场模型类似的功能。

GACNet 通过图的邻域关系进行特征变换，实现类似标准 CNNs 中的 $k \times k$ 卷积，提取局部特征；同时通过点特征的差异以及坐标差异，计算特征通道的权值，实现类似标准 CNNs 中的通道注意力机制。对点云数据的操作，本质上与 PointNet++类似；不同的是，其将点云进行图结构变换，用于记录邻域关系，实现点云特征的下采样、局部点云特征提取，以及点云特征的上采样，实现类似于编码器-解码器的网络结构，如图 2.23 所示。

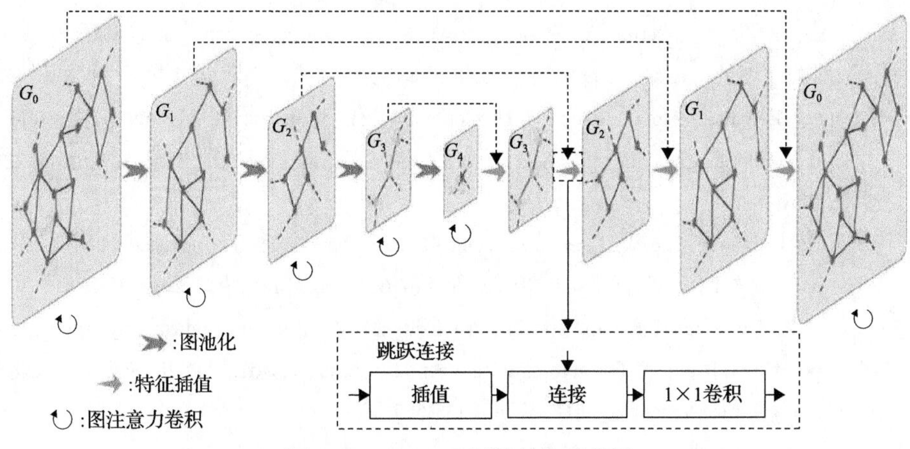


图 2.23　GACNet 网络结构示意图

## 参 考 文 献


[1] Rottensteiner F, Sohn G, Jung J, et al. The ISPRS benchmark on urban object classification and 3D building reconstruction[J]. ISPRS Annals of the Photogrammetry, Remote Sensing and Spatial Information Sciences I-3, 2012, 1(1): 293-298.

[2] Munoz D, Bagnell J A, Vandapel N, et al. Contextual classification with functional max-margin Markov networks[C]//IEEE Conference on Computer Vision and Pattern Recognition, Miami, 2009.

[3] Geiger A, Lenz P, Stiller C, et al. Vision meets robotics: The KITTI dataset[J]. The International Journal of Robotics Research, 2013, 32(11): 1231-1237.

[4] Wu B, Wan A, Yue X, et al. Squeezeseg: Convolutional neural nets with recurrent CRF for real-time road-object segmentation from 3D lidar point cloud[C]//IEEE International Conference on Robotics and Automation (ICRA), Brisbane, 2018.

[5] Xie J, Kiefel M, Sun M T, et al. Semantic instance annotation of street scenes by 3D to 2D label transfer[C]//IEEE Conference on Computer Vision and Pattern Recognition, Las Vegas, 2016.

[6] de Deuge M, Quadros A, Hung C, et al. Unsupervised feature learning for classification of outdoor 3D scans[C]//Australasian Conference on Robitics and Automation, Sydney, 2013.

[7] Quadros A J. Representing 3D shape in sparse range images for urban object classification[D]. Sydney: The University of Sydney, 2013.

[8] Serna A, Marcotegui B, Goulette F, et al. Paris-rue-Madame database: A 3D mobile laser scanner dataset for benchmarking urban detection, segmentation and classification methods[C]//The 4th International Conference on Pattern Recognition, Applications and Methods, Angers, 2014.

[9] Vallet B, Brédif M, Serna A, et al. TerraMobilita/iQmulus urban point cloud analysis benchmark[J]. Computers & Graphics, 2015, 49: 126-133.

[10] Niemeyer J, Rottensteiner F, Soergel U. Contextual classification of lidar data and building object detection in urban areas[J]. ISPRS Journal of Photogrammetry and Remote Sensing, 2014, 87: 152-165.

[11] Hackel T, Savinov N, Ladicky L, et al. Semantic3d. net: A new large-scale point cloud classification benchmark[EB/OL]. https://www.doc88.com/p-7405651796273.html?r=1[2017-04-20].

[12] Roynard X, Deschaud J E, Goulette F. Paris-Lille-3D: A large and high-quality ground-truth urban point cloud dataset for automatic segmentation and classification[J]. The International Journal of Robotics Research, 2018, 37(6): 545-557.

[13] Gehrung J, Hebel M, Arens M, et al. An approach to extract moving objects from MLS data using a volumetric background representation[C]//ISPRS Annals of Photogrammetry, Remote Sensing & Spatial Information Sciences, Hannover,2017.

[14] Zhu J, Gehrung J, Huang R, et al. TUM-MLS-2016: An annotated mobile LiDAR dataset of the TUM city campus for semantic point cloud interpretation in urban areas[J]. Remote Sensing, 2020, 12(11): 1875.

[15] Dong Z, Yang B, Liu Y, et al. A novel binary shape context for 3D local surface description[J]. ISPRS Journal of Photogrammetry and Remote Sensing, 2017, 130: 431-452.

[16] Dong Z, Yang B, Liang F, et al. Hierarchical registration of unordered TLS point clouds based on binary shape context descriptor[J]. ISPRS Journal of Photogrammetry and Remote Sensing, 2018, 144: 61-79.

[17] Dong Z, Liang F, Yang B, et al. Registration of large-scale terrestrial laser scanner point clouds: A review and benchmark[J]. ISPRS Journal of Photogrammetry and Remote Sensing, 2020, 163: 327-342.

[18] Chen Y, Wang J, Li J, et al. Lidar-video driving dataset: Learning driving policies effectively[C]//IEEE Conference on Computer Vision and Pattern Recognition, Salt Lake City, 2018.

[19] Wang C, Hou S, Wen C, et al. Semantic line framework-based indoor building modeling using backpacked laser scanning point cloud[J]. ISPRS Journal of Photogrammetry and Remote Sensing, 2018, 143: 150-166.

[20] Behley J, Garbade M, Milioto A, et al. Semantickitti: A dataset for semantic scene understanding of lidar sequences[C]//IEEE/CVF International Conference on Computer Vision, Seoul, 2019.

[21] Varney N, Asari V K, Graehling Q. DALES: A large-scale aerial LiDAR data set for semantic segmentation[C]//IEEE/CVF Conference on Computer Vision and Pattern Recognition Workshops, Seattle, 2020.

[22] Tan W, Qin N, Ma L, et al. Toronto-3D: A large-scale mobile lidar dataset for semantic segmentation of urban roadways[C]//IEEE/CVF Conference on Computer Vision and Pattern Recognition Workshops, Seattle, 2020.

[23] Hu Q, Yang B, Khalid S, et al. Towards semantic segmentation of urban-scale 3D point clouds: A dataset, benchmarks and challenges[C]//IEEE/CVF Conference on Computer Vision and Pattern Recognition, Beijing, 2021.

[24] Dai A, Chang A X, Savva M, et al. Scannet: Richly-annotated 3D reconstructions of indoor scenes[C]//IEEE Conference on Computer Vision and Pattern Recognition, Honolulu, 2017.

[25] Armeni I, Sener O, Zamir A R, et al. 3D semantic parsing of large-scale indoor spaces[C]//IEEE Conference on Computer Vision and Pattern Recognition, Las Vegas, 2016.

[26] Armeni I, Sax S, Zamir A R, et al. Joint 2d-3d-semantic data for indoor scene understanding [EB/OL]. https://www.doc88.com/p-1357435433111.html?r=1[2017-02-15].

[27] Wu Z, Song S, Khosla A, et al. 3D shapenets: A deep representation for volumetric shapes[C]// IEEE Conference on Computer Vision and Pattern Recognition, Boston, 2015.

[28] Chang A X, Funkhouser T, Guibas L, et al. Shapenet: An information-rich 3d model repository [EB/OL]. https://www.doc88.com/p-4834836954332.html?r=1[2018-07-02].

[29] Mo K, Zhu S, Chang A X, et al. Partnet: A large-scale benchmark for fine-grained and hierarchical part-level 3D object understanding[C]//IEEE/CVF Conference on Computer Vision and Pattern Recognition, Long Beach, 2019.

[30] Sun X, Shen S, Lin X, et al. Semantic labeling of high-resolution aerial images using an ensemble of fully convolutional networks[J]. Journal of Applied Remote Sensing, 2017, 11(4): 042617.

[31] 于永涛. 大场景车载激光点云三维目标检测算法研究[D]. 厦门: 厦门大学博士学位论文, 2015.

[32] Biosca J M, Lerma J L. Unsupervised robust planar segmentation of terrestrial laser scanner point clouds based on fuzzy clustering methods[J]. ISPRS Journal of Photogrammetry and Remote Sensing, 2008, 63(1): 84-98.

[33] Filin S. Surface clustering from airborne laser scanning data[J]. International Archives of the Photogrammetry, Remote Sensing and Spatial Information Sciences, 2002, 34(3/A): 119-124.

[34] Yang B, Dong Z. A shape-based segmentation method for mobile laser scanning point clouds[J]. ISPRS Journal of Photogrammetry and Remote Sensing, 2013, 81(7): 19-30.

[35] Babahajiani P, Fan L, Gabbouj M. Object recognition in 3D point cloud of urban street scene[C]//Asian Conference on Computer Vision, Springer, 2014.

[36] Arachchige N H, Perera S N, Maas H G. Automatic processing of mobile laser scanner point clouds for building facade detection[J]. International Archives of the Photogrammetry, Remote Sensing and Spatial Information Sciences, 2012, 39(B5): 187-192.

[37] 李娜. 利用RANSAC算法对建筑物立面进行点云分割[J]. 测绘科学, 2011, 36(5): 144-146.

[38] 李孟迪, 蒋胜平, 王红平. 基于随机抽样一致性算法的稳健点云平面拟合方法[J]. 测绘科学, 2015, 40(1): 102-106.

[39] 官云兰, 程效军, 施贵刚. 一种稳健的点云数据平面拟合方法[J]. 同济大学学报(自然科学版), 2008, 36(7): 981-984.

[40] 官云兰, 刘绍堂, 周世健, 等. 基于整体最小二乘的稳健点云数据平面拟合[J]. 大地测量与地球动力学, 2011, 31(5): 80-83.

[41] Arachchige N H, Maas H G. Automatic building facade detection in mobile laser scanner point clouds[J]. The German Society for Photogrammetry, Remote Sensing and Geoinformation, 2012, 21: 347-354.

[42] Rutzinger M, Elberink S O, Pu S, et al. Automatic extraction of vertical walls from mobile and airborne laser scanning data[J]. International Archives of the Photogrammetry, Remote Sensing and Spatial Information Sciences, 2009, 38(W8): 7-11.

[43] 闫利, 谢洪, 胡晓斌, 等. 一种新的点云平面混合分割方法[J]. 武汉大学学报(信息科学版), 2013, 38(5): 517-521.

[44] Dold C, Brenner C. Automatic matching of terrestrial scan data as a basis for the generation of detailed 3D city models[J]. International Archives of the Photogrammetry and Remote Sensing, 2004, 35(B3): 1091-1096.

[45] 董震, 杨必胜. 车载激光扫描数据中多类目标的层次化提取方法[J]. 测绘学报, 2015, 44(9): 980-987.

[46] Deschaud J E, Goulette F. A fast and accurate plane detection algorithm for large noisy point clouds using filtered normals and voxel growing[C]//The Fifth International Symposium on 3D Data Processing, Visualization, and Transmission(3DPVT), Paris, 2010.

[47] Vo A V, Truong-Hong L, Laefer D F, et al. Octree-based region growing for point cloud segmentation[J]. ISPRS Journal of Photogrammetry and Remote Sensing, 2015, 104: 88-100.

[48] Hough P V C. Method and means for recognizing complex patterns[P]. U.S. Patent 3069654, 1962-12-18.

[49] Kälviäinen H, Hirvonen P, Xu L, et al. Probabilistic and non-probabilistic Hough transforms: Overview and comparisons[J]. Image and Vision Computing, 1995, 13(4): 239-252.

[50] Overby J, Bodum L, Kjems E, et al. Automatic 3D building reconstruction from airborne laser scanning and cadastral data using Hough transform[J]. International Archives of the Photogrammetry, Remote Sensing and Spatial Information Sciences, 2004, 34(B3): 296-301.

[51] Wittrowski J, Ziegler L, Swadzba A. 3D implicit shape models using ray based hough voting for furniture recognition[C]//International Conference on 3D Vision, Seattle, 2013.

[52] 李明磊, 李广云, 王力, 等. 3D Hough Transform 在激光点云特征提取中的应用[J]. 测绘通报, 2015,(2): 29-33.

[53] 艾效夷, 王丽英. 机载 LiDAR 点云数据平面特征提取[J]. 辽宁工程技术大学学报(自然科学版), 2015, 34(2): 212-216.

[54] Hackel T, Wegner J D, Schindler K. Fast semantic segmentation of 3D point clouds with strongly varying density[J]. ISPRS Annals of the Photogrammetry, Remote Sensing and Spatial Information Sciences, 2016, 3: 177-184.

[55] 章大勇, 吴文启, 吴美平, 等. 基于三维Hough变换的机载激光雷达平面地标提取[J]. 国防科技大学学报, 2010, 32(2): 130-134.

[56] Barnea S, Filin S. Segmentation of terrestrial laser scanning data using geometry and image information[J]. ISPRS Journal of Photogrammetry and Remote Sensing, 2013, 76: 33-48.

[57] Hernández J, Marcotegui B. Point cloud segmentation towards urban ground modeling[C]//Joint Urban Remote Sensing Event, Shanghai, 2009.

[58] Liu Y, Wang F, Dobaie A M, et al. Comparison of 2D image models in segmentation performance for 3D laser point clouds[J]. Neurocomputing, 2017, 251: 136-144.

[59] Zhang R, Candra S A, Vetter K, et al. Sensor fusion for semantic segmentation of urban scenes[C]//IEEE International Conference on Robotics and Automation (ICRA), Seattle, 2015.

[60] 魏征, 杨必胜, 李清泉. 车载激光扫描点云中建筑物边界的快速提取[J]. 遥感学报, 2012, 16(2): 286-296.

[61] Yang B, Wei Z, Li Q, et al. Semiautomated building facade footprint extraction from mobile LiDAR point clouds[J]. IEEE Geoscience and Remote Sensing Letters, 2012, 10(4): 766-770.

[62] Yang B, Wei Z, Li Q, et al. Automated extraction of street-scene objects from mobile LiDAR point clouds[J]. International Journal of Remote Sensing, 2012, 33(18): 5839-5861.

[63] 魏征. 车载 LiDAR 点云中建筑物的自动识别与立面几何重建[D]. 武汉: 武汉大学博士学位论文, 2012.

[64] 杨必胜, 董震, 魏征. 从车载激光扫描数据中提取复杂建筑物立面的方法[J]. 测绘学报, 2013, 42(3): 411-417.

[65] 冯义从. 车载 LiDAR 点云的建筑物立面信息快速自动提取[D]. 成都: 西南交通大学博士学位论文, 2014.

[66] Becker S. Generation and application of rules for quality dependent façade reconstruction[J]. ISPRS Journal of Photogrammetry and Remote Sensing, 2009, 64(6): 640-653.

[67] Guo B, Huang X, Zhang F, et al. Classification of airborne laser scanning data using JointBoost [J]. ISPRS Journal of Photogrammetry & Remote Sensing, 2015, 100: 71-83.

[68] Gu Y, Wang Q, Xie B. Multiple kernel sparse representation for airborne LiDAR data classification [J]. IEEE Transactions on Geoscience & Remote Sensing, 2017, 55(99): 1-21.

[69] Anguelov D, Taskarf B, Chatalbashev V, et al. Discriminative learning of Markov random fields for segmentation of 3D scan data[C]//IEEE Computer Society Conference on Computer Vision and Pattern Recognition (CVPR'05), San Diego, 2005.

[70] Long J, Shelhamer E, Darrell T. Fully convolutional networks for semantic segmentation[C]// IEEE Conference on Computer Vision and Pattern Recognition, Boston, 2015.

[71] Simonyan K, Zisserman A. Very deep convolutional networks for large-scale image recognition[C]//The 3rd International Conference on Learning Representations, San Diego, 2015.

[72] Badrinarayanan V, Kendall A, Cipolla R. Segnet: A deep convolutional encoder-decoder architecture for image segmentation[J]. IEEE Transactions on Pattern Analysis and Machine Intelligence, 2017, 39(12): 2481-2495.

[73] Chen L C, Papandreou G, Kokkinos I, et al. Semantic image segmentation with deep convolutional nets and fully connected CRFS[C]//International Conference on Learning Representations, San Diego, 2015.

[74] Chen L C, Papandreou G, Kokkinos I, et al. Deeplab: Semantic image segmentation with deep convolutional NETs, atrous convolution, and fully connected CRFS[J]. IEEE Transactions on Pattern Analysis and Machine Intelligence, 2017, 40(4): 834-848.

[75] Chen L C, Papandreou G, Schroff F, et al. Rethinking atrous convolution for semantic image segmentation[EB/OL]. https://www.doc88.com/p-3621708188592.html?r=1[2018-09-17].

[76] He K, Zhang X, Ren S, et al. Deep residual learning for image recognition[C]//IEEE Conference on Computer Vision and Pattern Recognition, Cancun, 2016.

[77] Guo Y, Wang H, Hu Q, et al. Deep learning for 3D point clouds: A survey[J]. IEEE Transactions on Pattern Analysis and Machine Intelligence, 2020, 43(12): 4338-4364.

[78] Boulch A, Le Saux B, Audebert N. Unstructured point cloud semantic labeling using deep segmentation networks[C]//Eurographics Association, Goslar, 2017.

[79] Lawin F J, Danelljan M, Tosteberg P, et al. Deep projective 3D semantic segmentation[C]// International Conference on Computer Analysis of Images and Patterns, Springer, 2017.

[80] Iandola F N, Han S, Moskewicz M W, et al. SqueezeNet: AlexNet-level accuracy with 50x fewer parameters and <0.5 MB model size[EB/OL]. https://www.doc88.com/p-2062558331323.html [2018-03-25].

[81] Wu B, Zhou X, Zhao S, et al. Squeezesegv2: Improved model structure and unsupervised domain adaptation for road-object segmentation from a lidar point cloud[C]//International Conference on Robotics and Automation (ICRA), Montreal, 2019.

[82] Huang J, You S. Point cloud labeling using 3D convolutional neural network[C]//The 23rd International Conference on Pattern Recognition（ICPR）, Cancun, 2016.

[83] Dai A, Nießner M. 3DMV: Joint 3D-multi-view prediction for 3D semantic scene segmentation[C]//European Conference on Computer Vision（ECCV）, Munich, 2018.

[84] Qi C R, Su H, Mo K, et al. PointNet: Deep learning on point sets for 3D classification and segmentation[C]//IEEE Conference on Computer Vision and Pattern Recognition, Honolulu, 2017.

[85] Qi C R, Yi L, Su H, et al. Pointnet++: Deep hierarchical feature learning on point sets in a metric space[EB/OL].https://xueshu.baidu.com/usercenter/paper/show?paperid=32cc4e6e6e8b04ebbbab02912f11423b[2017-06-07].

[86] Li Y Y, Bu R, Sun M, et al. PointCNN: Convolution on x-transformed points[J]. Advances in Neural Information Processing Systems, 2018, 31: 820-830.

[87] Landrieu L, Simonovsky M. Large-scale point cloud semantic segmentation with superpoint graphs[C]//IEEE Conference on Computer Vision and Pattern Recognition, Salt Lake City, 2018.

[88] Kang Z H, Li N. PyramNet: Point cloud pyramid attention network and graph embedding module for classification and segmentation[EB/OL]. https://arxiv.org/abs/1906.03299[2019-06-07].

[89] Wang L, Huang Y, Hou Y, et al. Graph attention convolution for point cloud semantic segmentation[C]//IEEE/CVF Conference on Computer Vision and Pattern Recognition, Long Beach, 2019.

# 第3章 深度学习

## 3.1 引　　言

三维传感器在三维技术演进及三维数据获取过程中起着举足轻重的作用，甚至在一定程度上决定了三维视觉技术的发展及获取数据的自动化程度，其主要包括激光扫描仪、相机、RGB-D深度相机及结构光扫描仪等设备。点云作为一种被广泛使用的三维数据形式，在不进行任何离散化的情况下，就可保留三维空间中的原始几何信息。因此，点云成为许多场景理解的首选数据类型，如场景分类、语义分割、目标检测、姿态估计、三维重建以及显著性检测等。深度学习通过海量数据提取低层特征形成更加抽象的高层特征，以发现数据内在的特征表示，在图像处理上取得了显著效果。各种类型的三维点云数据集的逐步发布，进一步推动了深度学习在三维点云上的应用和研究，成为提高点云智能化处理水平的关键技术。

本章从深度学习与三维点云结合的角度出发，首先介绍深度学习的相关技术，以卷积神经网络为例，详细阐述卷积运算的过程及卷积神经网络的工作原理。其次，概述深度学习在计算机视觉领域的应用，主要包括图像分类、目标检测、语义分割、实例分割以及其他应用。最后，分析深度学习与三维激光点云结合时所涉及的技术难点以及下一步的研究方向，旨在使读者对其有一个全面的认识和了解，帮助大家利用深度学习技术进行三维场景的理解与三维目标的识别。

## 3.2 深度学习技术概述

互联网行业的飞速发展，形成了海量数据，数据存储的成本也快速下降，使得对海量数据的存储和分析成为可能。GPU 的不断成熟为大数据处理和分析提供了必要的算力支持，提高了方法的可用性，降低了算力的成本。在大数据和算力两个条件具备之后，迎来了人工智能的第三次浪潮——深度学习。从此，深度学习技术开始蓬勃发展，包括卷积神经网络、正则化、深度前向反馈网络、优化方法、序列模型以及方法论等。本节重点介绍广泛应用于场景语义分割的卷积神经网络，包括卷积运算、卷积神经网络结构、相关的学习框架及典型应用等。

### 3.2.1 人工智能、机器学习与深度学习

人工智能、机器学习与深度学习三者之间的关系可简单描述为：深度学习是机器学习的一个分支，而机器学习又是人工智能的一个分支，如图 3.1 所示。

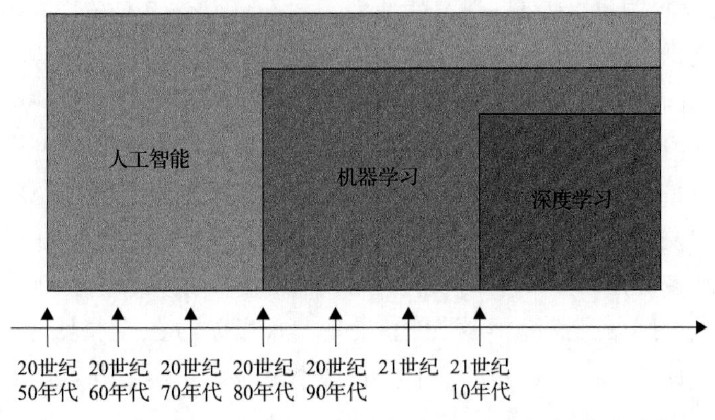


图 3.1 人工智能、机器学习与深度学习三者之间的关系示意图

人工智能是指由人工制造出来的系统所表现出来的智能，也指研究这样的智能系统是否能够实现以及如何实现的科学领域。自 1956 年达特茅斯会议上人工智能的概念第一次被提出，研究者们便不断尝试使用当时运算能力较低的计算机模拟人类智能。之后的几十年，人工智能一直没有实现重大突破。从 2009 年开始，斯坦福大学李飞飞等发起了一个具有里程碑意义的竞赛，即 ImageNet 大规模视觉识别竞赛(ImageNet Large Scale Visual Recognition Challenge, ILSVRC)[1]。该竞赛提供了上百万张有标注的图像，并且每年举办一次。直到 2012 年，竞赛数据集还在不断扩充，这在很大程度上缓解了深度网络在训练过程中训练样本欠缺的问题。另外，NVIDIA 研制的具有超强计算能力的 GPU 也为深度学习复杂的运算提供了保障。2012 年，由多伦多大学组成的超视觉团队在 ILSVRC 分类和定位竞赛中通过 8 层深度卷积神经网络(deep convolutional neural network, DCNN) AlexNet 在完成 1000 类的图像分类任务中获得冠军，以明显优势击败了传统的基于人工设计特征的方法，在最终的排名前五的错误评价指标上比第二名低了 10%以上，从此人工智能开始大爆发。从以上叙述可知，大规模标注数据集的公开、计算机硬件的发展、机器计算能力的不断增强，使得处理深度神经网络模型成为可能。同时，人工智能的研究领域也在不断扩大，主要包括专家系统、机器学习、进化计算、模糊逻辑与粗糙集、计算机视觉、自然语言处理、推荐系统等。

机器学习是一种实现人工智能的方法，是使用方法来解析数据，从数据中学习，进而对真实世界中的事件做出决策和预测。区别于传统的针对特定问题的编

码软件程序，机器学习类似人类学习的过程，需要通过大量数据来训练，以提高解决问题的能力。从学习算法上进行划分，机器学习算法可以分为有监督学习(如分类问题)、无监督学习(如聚类问题)、半监督学习、集成学习、深度学习和强化学习等。

深度学习是一种实现机器学习的技术。其本身也会用到有监督学习和无监督学习的方法来训练深度神经网络。近几年该领域发展迅猛，一些特有的学习手段被相继提出(如卷积神经网络)，因此越来越多的人将其单独看作一种学习算法。最初的深度学习是利用深度神经网络来解决特征表达的一种学习过程。深度神经网络本身并不是一个全新的概念，可理解为包含多个隐含层的深度神经网络结构。随着大数据的发展，以及大规模硬件加速设备的出现，特别是 GPU 运算性能的不断提升，深度神经网络重新受到人们的重视。除了大数据和高性能计算平台的推动，真正让人们感受到深度学习强大优势的是深度学习在技术上的一系列创新和突破，包括特征抽象、特征自动提取、梯度增强技术、深度残差技术以及生成对抗网络等[2]。

传统机器学习和深度学习的相似点在于，在数据准备和预处理方面两者都需要进行数据清洗、数据标记、归一化、去噪以及降维等操作。同时，两者在特征提取方法方面又有本质区别。传统机器学习的特征提取主要依赖人工，在针对特定简单任务时，人工提取特征简单有效，但并不通用。深度学习的特征提取不依靠人工，由机器自动提取。这也是深度学习可解释性差的原因。针对某些任务处理，深度学习虽有较好表现，但其内部原理还无法得到论证，两者之间的关系如图 3.2 所示。

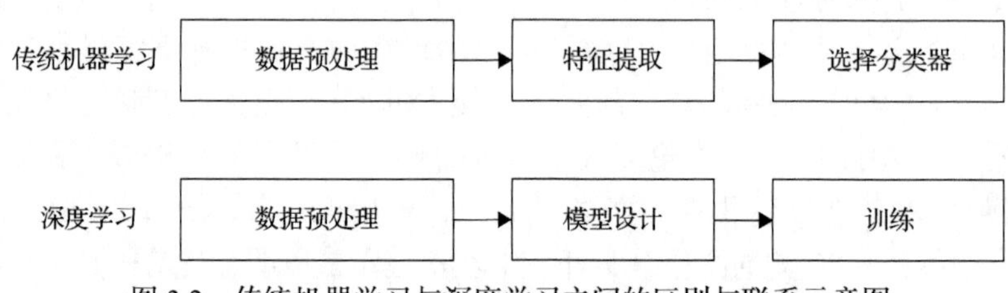


图 3.2　传统机器学习与深度学习之间的区别与联系示意图

卷积神经网络是深度学习技术中极具代表性的网络结构，下面以卷积神经网络为例对其核心操作(卷积运算)和工作原理进行介绍。

### 3.2.2　卷积运算

卷积是对两个实变函数的一种数学运算。为给出卷积的定义，从下面的例子出发[3]，利用激光扫描仪对自然场景进行扫描，激光扫描仪在任一时刻 $t$ 都会给出一个实时输出 $x(t)$，表示激光在时刻 $t$ 扫描到的三维目标在自然场景中的位置。

通常情况下，激光扫描仪会受到一定程度的噪声干扰。因此，为了降低噪声对三维目标位置估计的影响，需要对测量结果进行加权平均。时间间隔越短的测量结果越相关，对越近的测量结果赋予越高的权值，设加权函数为 $w(a)$，其中 $a$ 为测量结果距当前时刻的时间间隔。若任意时刻都采用这种加权平均操作，则得到一个新的针对被测目标位置的平滑估计函数 $s$：

$$s(t)=\int w(a)x(t-a)\mathrm{d}a \tag{3.1}$$

$$s(t)=(w*x)(t) \tag{3.2}$$

式中，“*”表示卷积运算。

在卷积网络中，卷积的第一个参数（函数 $w$）称为核函数，第二个参数（函数 $x$）称为输入，得到的结果 $s$ 称为特征图或特征映射。

上述例子中，激光传感器在每个瞬间都反馈测量结果的想法是不切实际的。一般来讲，在用计算机处理数据时，时间会被离散化，传感器会定时反馈数据。假设每秒反馈一次，则时刻 $t$ 只能取整数值。假设 $x$ 和 $w$ 都定义在整数时刻 $t$ 上，则定义函数 $x$ 和函数 $w$ 的理想卷积公式为

$$s(t)=(w*x)(t)=\sum_{t=-\infty}^{\infty} w(a)*x(t-a) \tag{3.3}$$

卷积运算经常在多个维度上进行，例如，$x$ 是输入的一个二维图像，$w$ 是一个二维的卷积核，则卷积运算推广到二维空间为

$$s(t)=(w*x)(i,j)=\sum_{m}\sum_{n} w(m,n)*x(i-m,j-n) \tag{3.4}$$

图 3.3 展示了在二维向量上的卷积运算。卷积在二维图像中运算，是用一个掩膜对图像进行卷积。对于图像上任一点，计算时首先需要把掩膜的原点和当前点重合，然后计算掩膜各点和图像对应的乘积并对其求和，就得到了该点的卷积值。对每个点依次处理，用四周各点的像素值的加权平均代替该点的像素值。卷积是一种线性运算，可以用来消除噪声、增强特征，在数据处理中用来平滑，分为平滑效应和展宽效应。

### 3.2.3 卷积神经网络工作原理

“卷积神经网络”一词表明该网络使用了卷积运算，是指至少在网络的一层中使用卷积运算来代替一般的矩阵乘法运算的神经网络。其网络结构如图 3.4、

图 3.5 所示，由输入层(一张图片)、卷积层(convolutional layer, CONV)、线性整流层(rectified linear units layer, ReLU)、池化层(pooling layer, POOL)、全连接层(fully connected layer, FCL)等构成。

1. 输入层

在图片输入神经网络之前，通常需要对其进行图像处理，有四种常见的图像处理方式：均值化、归一化、主成分分析(principal component analysis, PCA)和白化。其中，均值化和归一化示例图如图 3.6 所示。

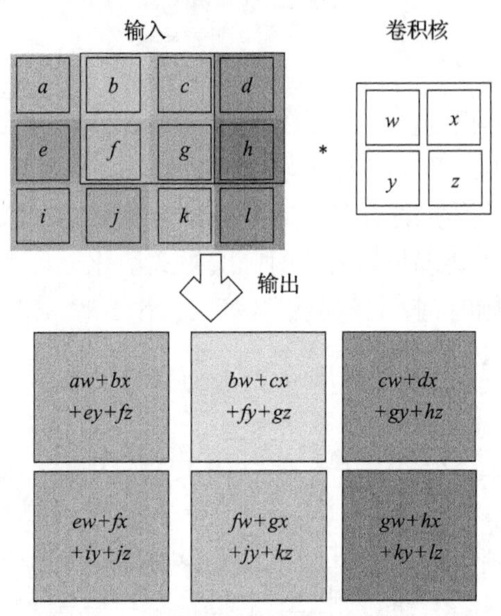


图 3.3　一个卷积核的二维卷积运算示例

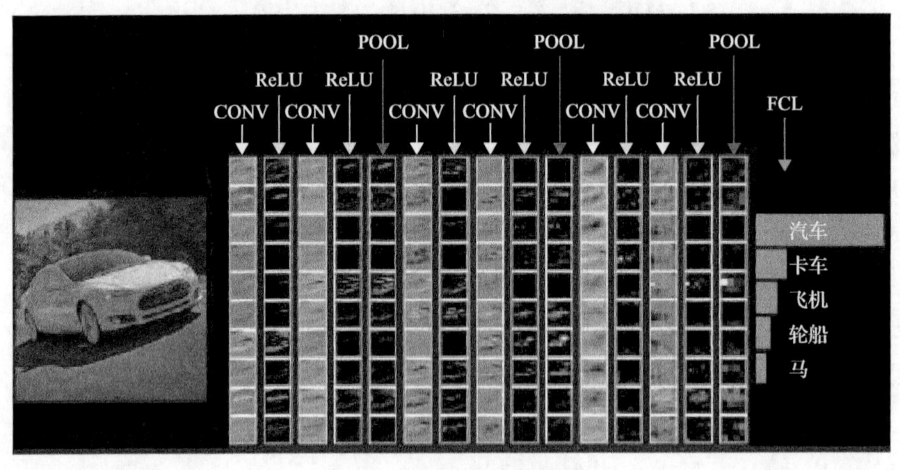


图 3.4　CNN 结构示意图[4]

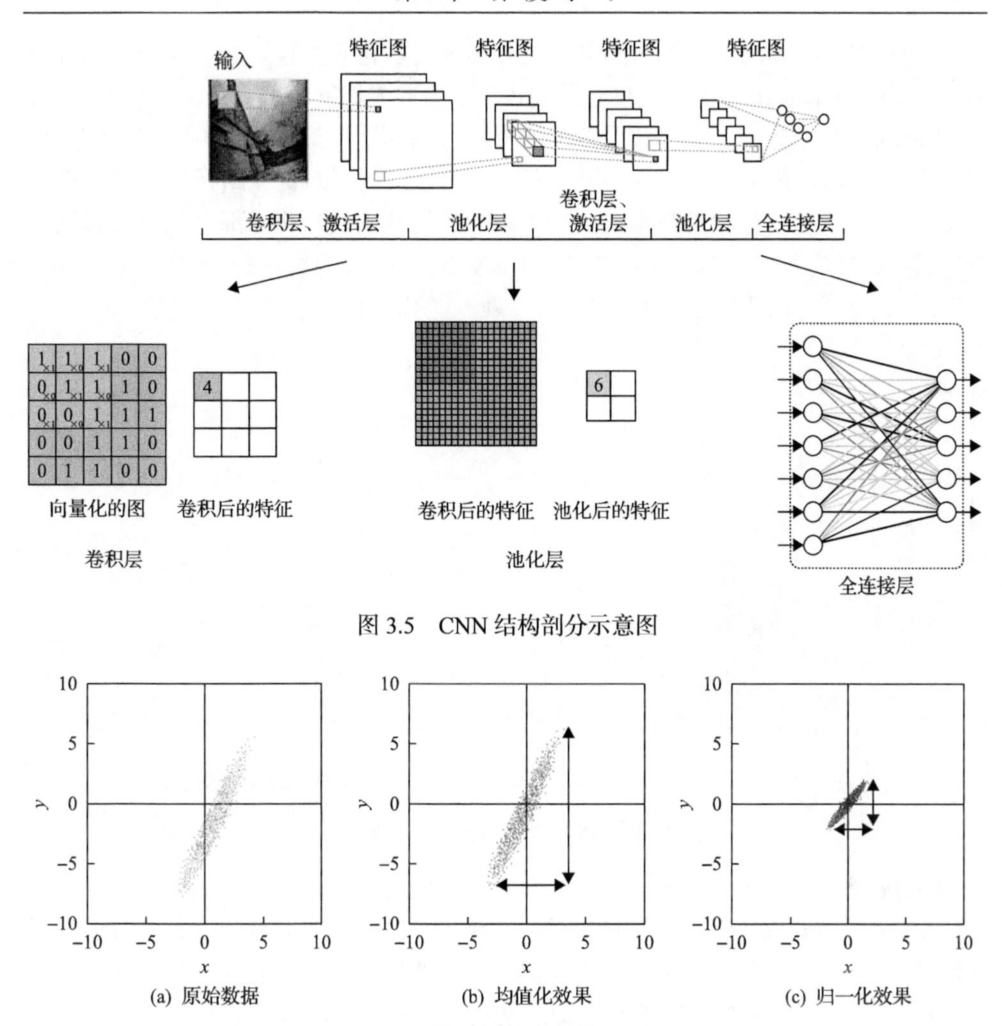


图 3.5 CNN 结构剖分示意图

图 3.6 数据预处理效果示例图

1) 均值化

均值化是将待训练的每张图片的特征都减去全部训练集图片的特征均值。这样做的直观意义是把输入数据各个维度的数据都中心化到 0(如数据集 2、4、6，均值为 4，各减去 4 后的数据集变为–2、0、2，均值为 0)。其目的是减少计算量，把数据从原先的标准坐标系下一个个向量组成的矩阵，变换成以这些向量的均值为原点建立的坐标系。

2) 归一化

归一化是保证所有维度上的数据都在一个变化幅度上。常用方法有两种：一种是在数据都去均值化后，每个维度上的数据都除以该维度上数据的标准差；另一种是除以数据绝对值的最大值，以保证所有的数据都在–1～1。

把数据变换到同一取值区间是因为其对梯度变化有直接影响。在原始训练数据中，每一维特征的来源以及度量单位不同，会造成特征值的分布范围差异很大，取值范围不同会造成在大多数位置上的梯度方向并不是最优搜索方向。当使用梯度下降法寻求最优解时，会导致需要很多次迭代才能收敛(优化路径呈“之”字形)，如图 3.7(a)所示。如果把数据归一化为取值范围相同，那么大部分位置的梯度方向近似于最优搜索方向。这样，在利用梯度下降法求解时，每一步梯度方向都基本指向最小值，训练效率会大大提高，如图 3.7(b)所示。

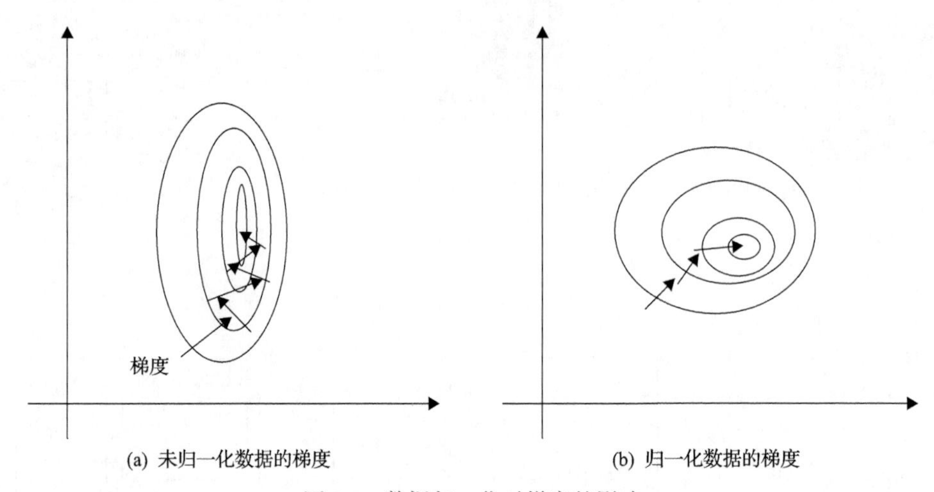


(a) 未归一化数据的梯度　　(b) 归一化数据的梯度

图 3.7　数据归一化对梯度的影响

3) PCA

PCA 是指通过舍弃携带信息量较少的维度，保留主要的特征信息对数据进行降维处理。其主要思路是使用少数几个有代表性的、互不相关的特征代替原先大量的、存在一定相关性的特征，从而加速机器学习进程。PCA 可用于特征提取、数据压缩、去噪声、降维等操作[5]。

4) 白化

白化是对数据每个特征轴上的幅度进行归一化处理，目的是去掉数据之间的相关联度并令方差均一化。由于图像中相邻像素之间具有很强的相关性，其用于训练时很多输入是冗余的。这时去相关操作就可以采用白化操作，从而减小特征之间的相关性，并且使得特征具有相同的方差[5]。

2. 卷积层

卷积层是 CNN 的核心结构层，其主要特点是局部连接和权值共享。

图像中的像素点具有局部关联特性，一个像素点与其周边的像素点关联度较大，而与其距离较远的像素点关联度较小。该性质意味着每一个神经元不用处理全局的图片，只需要和上一层局部连接，相当于每一个神经元扫描一个小区域，许多神经元(这些神经元权值共享)合起来就相当于扫描了全局(整个图像)，这样就构成一个特征图，$n$ 个特征图就提取了这个图片的 $n$ 维特征，每个特征图由多个神经元构成。

在卷积神经网络中，先选择一个局部区域，用该局部区域去扫描整张图片。局部区域圈起来的所有节点会被连接到下一层的一个节点上。以灰度图(只有一维)为例，如图 3.8(a)所示。图片中的像素以矩阵形式存储，为方便理解，将其平铺展开为向量形式，可更方便地看出输入层与卷积层的连接方式为局部连接。将图中的方框称为过滤器，尺寸为 2×2，大小可人为指定。

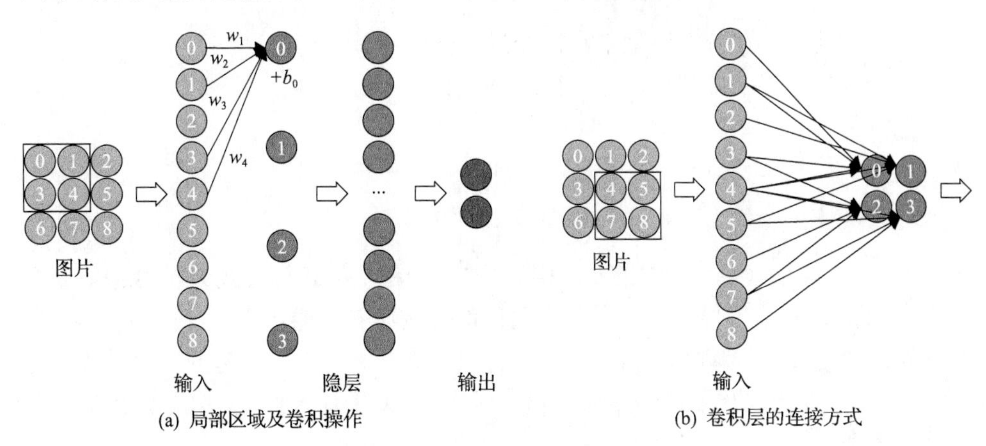


图 3.8 卷积层工作原理示例图

2×2 的小窗口将图片矩阵从左上角滑到右下角，每滑一次就会圈起四个，连接到下一层的一个神经元，产生四个权值，这四个权值($w_1$、$w_2$、$w_3$、$w_4$)构成的矩阵称为卷积核，如图 3.8(a)中方框所示。卷积核是由算法自学习得到的，通过和上一层计算得到下一层节点的值。例如，第二层“0”节点的数值就是局部区域的线性组合($w_1\times0+w_2\times1+w_3\times3+w_4\times4+b_0$)，即被圈中节点的数值乘以对应的权值后相加。为保留图片的平面结构信息，将其恢复为矩阵形式排列，就得到了如图 3.8(b)所示的连接，后一层的每个节点连接前一层的四个节点。

图片是一个矩阵，卷积神经网络的下一层也是一个矩阵，用一个卷积核从图片矩阵左上角滑动到右下角，每滑动一次，被圈起来的神经元就会连接下一层的一个神经元，形成的参数矩阵就是卷积核，虽然每次滑动圈起来的神经元不同，连接下一层的神经元也不同，但是产生的参数矩阵是相同的，这就是权值共享。

上述卷积为单通道图片的卷积操作，在滤波器窗口滑动时，只是从宽度和高度的角度滑动，并没有考虑深度信息，因此每滑动一次实际上是产生一个卷积核，并共享这一卷积核。对于 RGB 图像，其深度为 3，如图 3.9 所示，每滑动一次实际上产生了具有三个通道的卷积核(它们分别作用于输入图片的浅灰色、灰色、深灰色通道)，卷积核的一个通道和 $B$ 矩阵作用产生一个值，另一个和 $G$ 矩阵作用产生一个值，最后一个和 $R$ 矩阵作用产生一个值，然后这些值加起来就是下一层节点的值，结果也是一个矩阵，也就是一幅特征图。

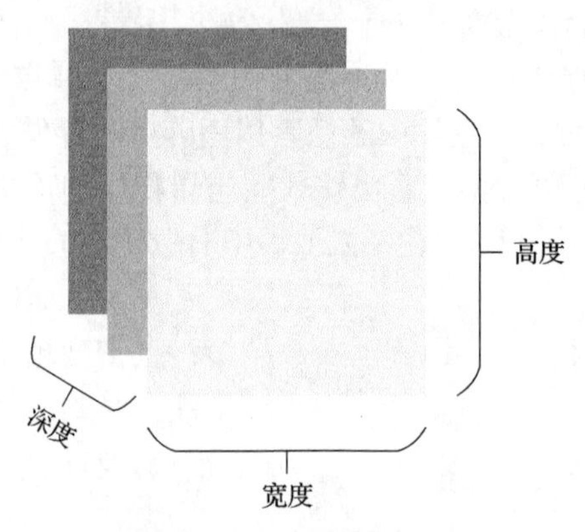


图 3.9　RGB 彩色图像深度示意图

多通道卷积运算示意图如图 3.10 所示[4]，卷积层的计算公式为式(3.5)，其是在式(3.4)的基础上推导出来的。所有通道都是按照二维卷积方式计算的。多个通道首先分别与多个卷积核模板进行二维卷积运算，并获得多通道的输出结果，然后将各通道的输出结果结合为一个通道。假设有 $K$ 个输入通道、$L$ 个输出通道，则卷积运算公式为

$$s^l(t)=(w*x)(i,j)=\sum_{k=0}^{K-1}\sum_{m=0}^{I-1}\sum_{n=0}^{J-1}w^{kl}(m,n)*x^k(i-m,j-n) \tag{3.5}$$

式中，$x^k$ 表示第 $k(0\leqslant k<K)$ 个输入通道的二维特征图；$s^l$ 表示第 $l(0\leqslant l<L)$ 个输出通道的二维特征图；$w^{kl}$ 表示第 $k$ 行第 $l$ 列的二维卷积核。

此时，卷积操作需要分别将多个卷积核在输入图像或产生的特征图上按照固定的步长进行遍历，利用非线性激活函数或卷积运算将输入图像或对应的特征图映射到下一层，输出特征图。每个卷积层输出的特征图数量与该层卷积核的个数相对应，而其大小需要根据卷积核的大小、步长以及输入的特征图大小计算得到，具体如式(3.6)所示。

输出特征图的宽度为

$$W_2=\frac{W_1-F+2P}{S}+1 \tag{3.6a}$$

输出特征图的高度为

$$H_2 = \frac{H_1 - F + 2P}{S} + 1 \tag{3.6b}$$

式中，$W$ 和 $H$ 分别表示特征图的宽度和高度，下标“2”表示输出特征图的宽度和高度，下标“1”表示输入特征图的宽度和高度；$F$ 表示卷积核的维度(卷积核的高度和宽度)；$P$ 表示图像边缘的填充值；$S$ 表示卷积核滑动的步长。

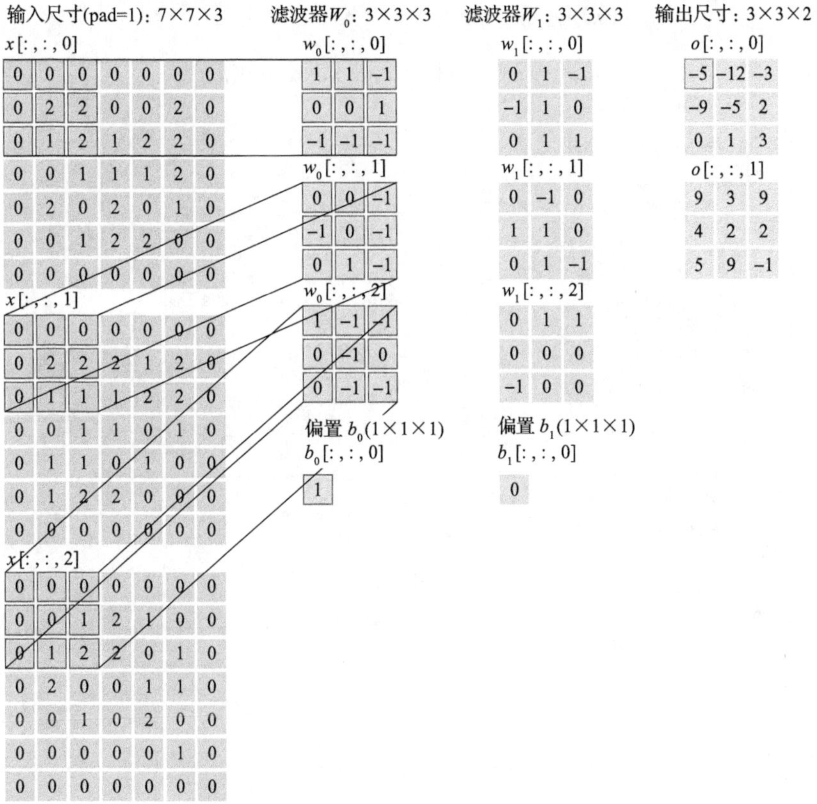

输入尺寸(pad=1)：7×7×3

$x$[: , : , 0]

| | | | | | | |
|---|---|---|---|---|---|---|
| 0 | 0 | 0 | 0 | 0 | 0 | 0 |
| 0 | 2 | 2 | 0 | 0 | 2 | 0 |
| 0 | 1 | 2 | 1 | 2 | 2 | 0 |
| 0 | 0 | 1 | 1 | 1 | 2 | 0 |
| 0 | 2 | 0 | 2 | 0 | 1 | 0 |
| 0 | 0 | 1 | 2 | 2 | 0 | 0 |
| 0 | 0 | 0 | 0 | 0 | 0 | 0 |

$x$[: , : , 1]

| | | | | | | |
|---|---|---|---|---|---|---|
| 0 | 0 | 0 | 0 | 0 | 0 | 0 |
| 0 | 2 | 2 | 2 | 1 | 2 | 0 |
| 0 | 1 | 1 | 1 | 2 | 2 | 0 |
| 0 | 0 | 1 | 1 | 0 | 1 | 0 |
| 0 | 1 | 1 | 0 | 1 | 0 | 0 |
| 0 | 1 | 2 | 2 | 0 | 0 | 0 |
| 0 | 0 | 0 | 0 | 0 | 0 | 0 |

$x$[: , : , 2]

| | | | | | | |
|---|---|---|---|---|---|---|
| 0 | 0 | 0 | 0 | 0 | 0 | 0 |
| 0 | 0 | 1 | 2 | 1 | 0 | 0 |
| 0 | 1 | 2 | 2 | 0 | 1 | 0 |
| 0 | 2 | 0 | 0 | 1 | 1 | 0 |
| 0 | 0 | 1 | 0 | 2 | 0 | 0 |
| 0 | 0 | 0 | 0 | 0 | 1 | 0 |
| 0 | 0 | 0 | 0 | 0 | 0 | 0 |

滤波器 $W_0$：3×3×3

$w_0$[: , : , 0]

| | | |
|---|---|---|
| 1 | 1 | −1 |
| 0 | 0 | 1 |
| −1 | −1 | −1 |

$w_0$[: , : , 1]

| | | |
|---|---|---|
| 0 | 0 | −1 |
| −1 | 0 | −1 |
| 0 | 1 | −1 |

$w_0$[: , : , 2]

| | | |
|---|---|---|
| 1 | −1 | −1 |
| 0 | −1 | 0 |
| 0 | −1 | −1 |

偏置 $b_0$(1×1×1)

$b_0$[: , : , 0]

1

滤波器 $W_1$：3×3×3

$w_1$[: , : , 0]

| | | |
|---|---|---|
| 0 | 1 | −1 |
| −1 | 1 | 0 |
| 0 | 1 | 1 |

$w_1$[: , : , 1]

| | | |
|---|---|---|
| 0 | −1 | 0 |
| 1 | 1 | 0 |
| 0 | 1 | −1 |

$w_1$[: , : , 2]

| | | |
|---|---|---|
| 0 | 1 | 1 |
| 0 | 0 | 0 |
| −1 | 0 | 0 |

偏置 $b_1$(1×1×1)

$b_1$[: , : , 0]

0

输出尺寸：3×3×2

$o$[: , : , 0]

| | | |
|---|---|---|
| −5 | −12 | −3 |
| −9 | −5 | 2 |
| 0 | 1 | 3 |

$o$[: , : , 1]

| | | |
|---|---|---|
| 9 | 3 | 9 |
| 4 | 2 | 2 |
| 5 | 9 | −1 |

图 3.10 多通道卷积运算示意图

3. *激活层*

人脑对客观世界的理解是一种复杂的非线性过程，深度卷积神经网络之所以具有极好的客观世界表达能力，是因为采用了深层网络和非线性激活函数。采用非线性激活函数的网络层称为激活层，在网络结构中激活层通常紧跟在卷积层之后，示意图如图 3.11 所示。

通常的神经元计算公式为 $f(x)=\mathrm{act}(\theta_j^{\mathrm{T}}x+b_j)$，其中，$\theta_j$ 为参数向量，act() 为激活函数，一般是 sigmoid 函数、双曲正切函数 tanh、线性整流函数 ReLU 或 softplus 函数。softplus 函数是 ReLU 函数的平滑逼近解析形式。各类激活函数具体如式(3.7)和图3.12所示。

$$\begin{cases} \text{sigmoid}(x)=\dfrac{1}{1+\mathrm{e}^{-x}} \\ \tanh(x)=\dfrac{\sinh(x)}{\cosh(x)}=\dfrac{\mathrm{e}^{x}-\mathrm{e}^{-x}}{\mathrm{e}^{x}+\mathrm{e}^{-x}} \\ \text{ReLU}(x)=\max(0,x) \\ \text{softplus}(x)=\ln(1+\mathrm{e}^{x})=\int \text{sigmoid}(x)\mathrm{d}x \end{cases} \tag{3.7}$$

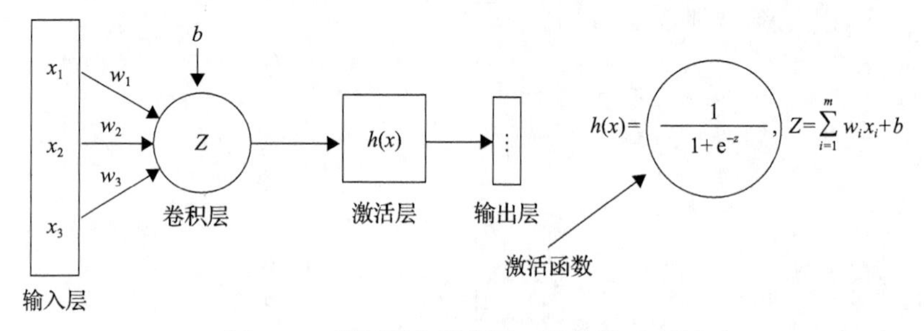


图3.11　激活层与卷积层逻辑结构示意图

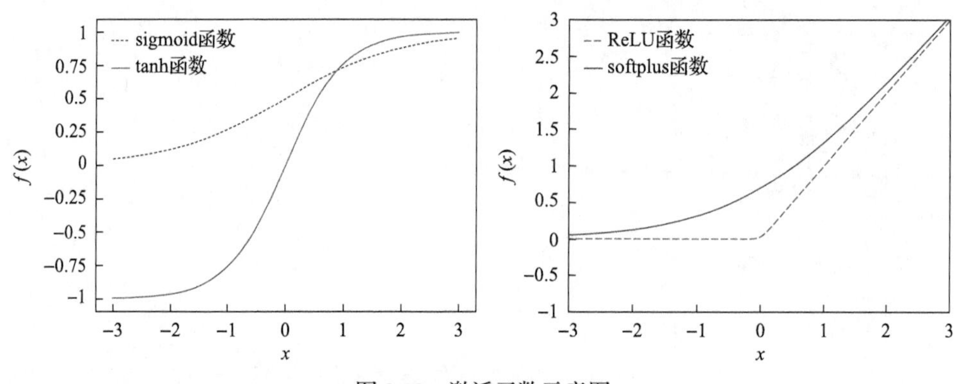


图3.12　激活函数示意图

梯度消失是深层模型中特有的问题，当使用sigmoid函数、tanh函数作为激活函数时，该问题显得特别严重。其根源在于深度神经网络进行误差反向传播时，每层需要计算与激活函数一阶导数的乘积，梯度会逐层衰减。当神经网络层次数目较大时，梯度就会逐层衰减直到消失[6]，造成训练神经网络时收敛速度极为缓慢。针对以上问题，非饱和激活函数ReLU被提出，其具有算法简单、梯度不易消失、线性特性好等优点，因此目前深度卷积神经网络模型中激活函数大多采用ReLU函数。但是，ReLU函数还不是一个完美的激活函数，原因有二：①ReLU函数的值域[0,∞)过于宽广，对输出数据的上界没有限制，会使模型在接收较大数据时不

稳定。为此，有些网络会在 ReLU 函数之前对输入数据进行归一化；或者采用

$$\mathrm{ReLU}_6 = \min\left(6, \frac{|x| + x}{2}\right) \tag{3.8}$$

之类的经验函数来限制函数上界。②ReLU 函数完全抑制了函数负数，使得很多神经元参数无法得到有效更新，因为一旦 ReLU 函数的输入为负，ReLU 函数会将其置 0，同时该输入数据的梯度也将为 0，那么从该数据出发的反向计算将全部为 0。若随着训练过程的不断进行，该现象一直得不到改善，则称其为“神经元”死亡[7]。

4. 池化层

池化层也称下采样层，是 CNN 的另一个核心结构层。池化层不仅可以降维（与原有要提取的特征相比，池化后卷积特征向量的维度会降低很多），而且还会改善结果（不易过拟合），对输入数据具有局部线性转换的不变性，增强网络的泛化能力。具体的池化方法有两种，即最大池化和均值池化，两者的对比图如图 3.13 所示。

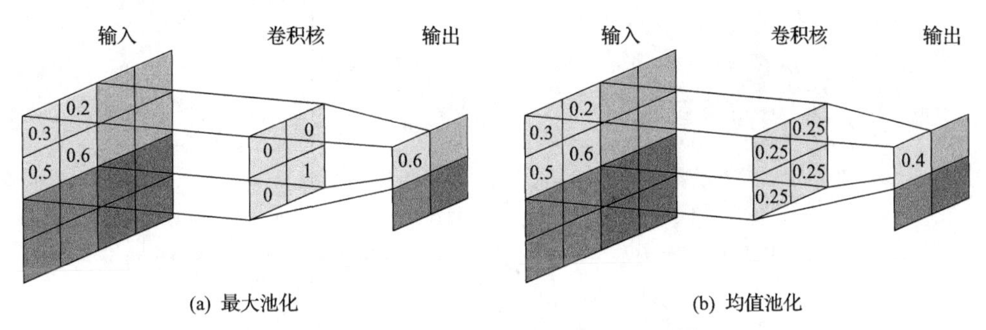


(a) 最大池化　　(b) 均值池化

图 3.13　最大池化和均值池化对比图[8]

由图 3.13 可知，最大池化的卷积核中只保留一个权值赋值为 1，其余赋值为 0，卷积核在原图上以步长为 2 进行滑动。最大池化的效果是通过保留每个 2×2 区域中的最大值把原图缩小为之前的 1/4 大小，而均值池化的卷积核中每个权值都是 0.25，卷积核在原图上滑动的步长为 2。均值池化的效果相当于把原图模糊缩减至原来的 1/4。

5. 全连接层

全连接层等价于传统的多层感知机。全连接层在整个卷积神经网络中起到分类器的作用。卷积层、池化层和激活层等神经网络层的作用是将原始数据进行变换，进而映射到隐层特征空间；全连接层则是将学到的特征映射到样本标记空间。

在实践应用中，全连接层可通过相应的卷积运算等价实现：若前一层是全连接层，则当前全连接层可以通过核大小为 1×1 的卷积运算替代；若前一层是卷积层，则当前全连接层可以通过核大小为 $h \times w$ 的卷积运算替代，其中 $h$ 和 $w$ 分别为前一层卷积结果的高度和宽度。

### 3.2.4　深度学习框架

自 2006 年人工神经网络第三次浪潮(深度学习)开始，各种开源深度学习框架不断涌现，如 TensorFlow、Theano、Caffe、Keras、CNKT、MXNet、PyTorch、Chainer 等。图 3.14 是 Jeff[9]于 2018 年 9 月根据公司招聘、调研报告、网络搜索、科研论文、教程文档、GitHub 热度等数据，对 2018 年 11 种深度学习框架的影响力进行评估的结果。截至 2021 年初，排名有所变动，也继续有新的深度学习框架出现。但是，深度学习框架只是一个工具，无好坏之分，只有适合与不适合之分，用户在使用时，需根据各自的需求、期望、应用领域以及技术背景进行选择。在此对作者团队主要使用的 Caffe、TensorFlow 和 PyTorch 三大框架进行介绍。

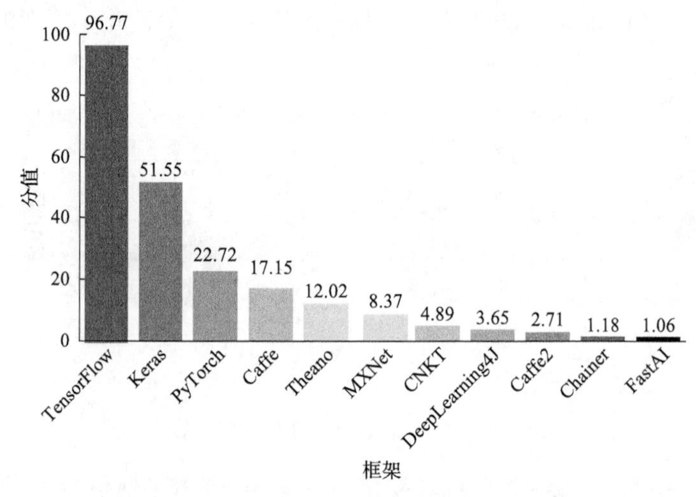


图 3.14　2018 年主流深度学习框架影响力排行榜

1. Caffe

Caffe 是一个底层采用 C++编写的深度学习框架，提供的语言接口有 C++、Python 和 MATLAB。最初是由加利福尼亚大学伯克利分校的贾扬清博士创建的一个开源项目，后由加利福尼亚大学佰克利视觉和学习中心维护。Caffe 提供了完备的基本网络模块，在 CNN 中表现出色，单底层的运算模块并没有直接提供给用户[10]。另外，Caffe 不支持精细粒度网络层，且对循环网络和语言建模的总体支持较差。第 5 章主要基于二维图像进行特征学习，利用了 Caffe 在计算机视觉和图像识别领域的优势。

2. TensorFlow

TensorFlow 是由 Google 于 2015 年研发的开源项目，该框架提出后在 Github 上的 star 数量、fork 数量和 contributor 数量远超其他对手。设计神经网络结构代码的高简洁度、分布式深度学习算法的高执行效率和部署的便利性都是 TensorFlow 的优势，另外 Google 具有高水平的智能研发团队，使得 TensorFlow 基本上每星期都会有 1 万行甚至数万行的代码更新。TensorFlow 底层开发语言是 C++、Python，提供的接口语言也是 C++和 Python，该框架既提供了底层运算接口，使得用户可以对底层运算进行优化；也提供了完善的网络模块。第 6 章将在该深度学习框架基础上研究三维深度卷积神经网络模型。

3. PyTorch

PyTorch 于 2016 年 10 月发布，是一款专注于直接处理数组表达式的低级应用程序接口。前身是 Torch(一个基于 Lua 语言的深度学习库)。Facebook 人工智能研究院对 PyTorch 提供了强力支持。PyTorch 支持动态计算图，为更具数学倾向的用户提供了更低层次的方法和更多的灵活性，其优势还包括：更少的抽象、更直观的设计、建模过程简单透明、所思即所得、代码易于理解以及可以为使用者提供更多关于深度学习实现的细节，如反向传播和其他训练过程等。

## 3.3 深度学习在计算机视觉中的应用

近年来，深度学习技术已经广泛应用到许多研究领域，如计算机视觉、语音识别和自然语言处理、在线推荐系统、生物信息学和化学、电子游戏、机器人学以及搜索引擎等。本书的研究内容属于计算机视觉范畴，因此本节主要对深度学习在计算机视觉领域的应用进行介绍。

### 3.3.1 图像分类

近年来，深度学习模型在图像分类领域的应用得到了指数级的提升，并成为人工智能领域最为活跃的研究课题。输入为一张图片，输出为图片中物体类别的候选集。下面以 ILSVRC 为例进行介绍。如图 3.15 所示[11]，第一行为待分类的五张图片，第二行为根据 AlexNet 模型预测的五个最可能的结果(top-5)。通过 ILSVRC 涌现了一系列性能卓越的卷积神经网络结构，从最早的 AlexNet 发展到 VGG-Net、GoogLeNet 以及深度残差网络(deep residual network, DRN)，都成为深度学习在计算机视觉领域成功应用的典型案例。

图 3.15　图像分类示例

### 3.3.2　目标检测

目标检测比图像分类难度更大，深度学习模型不仅要识别出目标的类别，还要给出目标所在范围，即给出目标的边界框。输入测试图片，输出检测到的物体类别和位置。图 3.16[12]为基于图像分割再识别的 Regional-CNN 深层模型在 PASCAL VOC 2012 测试集上的目标检测结果，不同的目标以边框标出，并给出该目标的类别信息。

图 3.16　目标检测示例

### 3.3.3　语义分割

相对于前两种，语义分割是从微观的角度精细地找到物体的边界，将图像中每一点像素分别标注为所属类别，难度系数增大，图 3.17 为 BoxSup 模型在 PASCAL VOC 2012 测试集上的语义分割结果[13]。

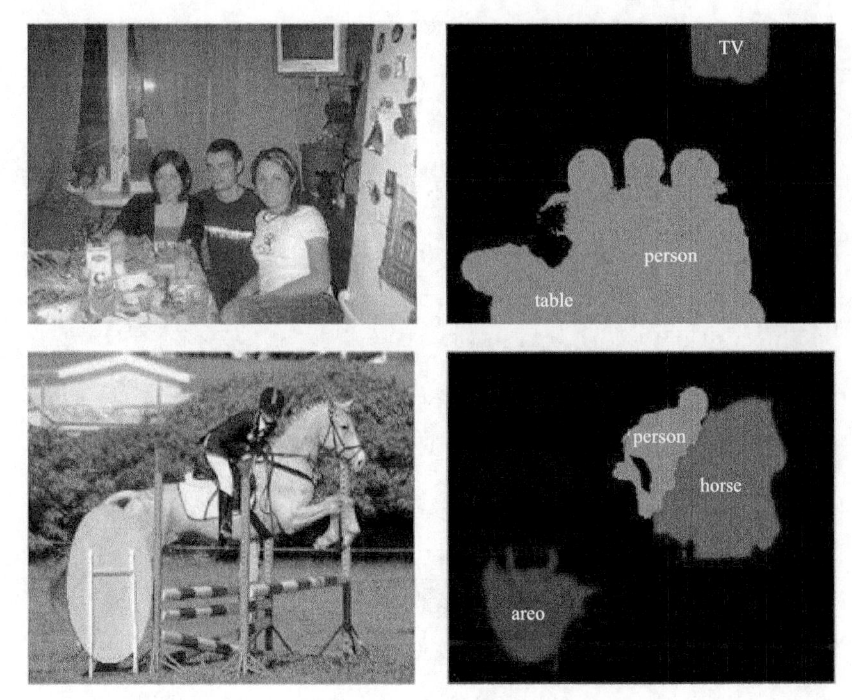


图 3.17 语义分割示例

### 3.3.4 实例分割

实例分割本身是一个双重任务，需要同时进行目标检测与语义分割。目标检测通常需要获得外接矩形边界框，但实例分割需要精确获取物体的边界；语义分割只需要标注出物体的类别，而实例分割需要进一步指明图上同一类别的不同个体，图 3.18 为 Mask R-CNN 深度模型在 MS-COCO 测试集上的实例分割结果[14]，图像中包含多个人，每个个体均进行了语义标注。

### 3.3.5 其他应用

除以上四种主要应用之外，人脸识别、目标跟踪、姿态估计、生成模型等作为计算机视觉领域的重点和难点课题，深度学习也涌现出一批优秀的模型。人脸识别是指首先通过人脸检测提取人脸区域，剥离背景图案，然后对一个规范化的人脸图像进行差异性特征提取和对比辨识，得到人脸的身份。目标跟踪的研究目标为准确地定位视频中一个移动目标的运动轨迹。姿态估计是对图像或视频数据进行处理和分析，识别并理解图像或视频中人的状态、动作或行为。生成模型是指输入一幅图像，模型对其进行理解并输出该图像不同形式的描述信息，如文字形式，包括图像字幕添加、图像标题生成等。

图 3.18　实例分割示例

## 3.4　深度学习与三维激光点云的结合

在传统的激光点云三维目标特征提取和语义分割方法中，通常使用人工特征，此类特征存在描述能力不足等问题。目标检测和语义分割的质量无法满足实际应用需求，极大地约束了三维点云的使用价值和应用场景。深度学习方法采用特征自学习的方式，很好地摆脱了传统分割方法过度依赖人工选择特征的困境，并在二维图像场景分割方面优势突出，涌现出一批性能卓越的二维语义分割模型。基于 CNN 的一系列方法在图像识别中取得了巨大成功，其关键在于 CNN 能够很好地捕捉数据的空间局部特征。从数学的角度分析，CNN 中的卷积操作本质上是将输入进行加权求和，结果依赖输入的顺序，即 CNN 中的卷积操作对数据输入的顺序敏感，对无序数据则难以直接提取有效的特征。三维点云这种数据类型在不需要任何离散化的情况下保留了三维空间的原始几何信息，已成为许多场景理解相关应用的首选数据形式。

因此，将含有三维丰富语义信息的激光点云数据与在二维场景分割领域具有突出优势的深度学习技术相结合，建立复杂三维场景中多态目标的语义分割模型虽然面临巨大的挑战，但是却具有广阔的应用前景和重大的研究价值。深度学习与三维激光点云相结合，有很多技术难点需要探索，从宏观角度分析其技术难点主要包括：①三维激光点云数据的表示形式；②三维激光点云数据集的语义标注方法；③三维激光点云语义分割存在的挑战。

### 3.4.1 三维激光点云数据的表示形式

无论用点云数据集对神经网络进行训练还是验证，首先需要对数据进行预处理。对于公开的三维点云基准数据集，除了保存点云的文件格式不同，如TXT、XYZ、LAS、PCD、PTS和H5等，数据的表示形式差别也很大，表3.1为LiDAR点云数据集的数据表示形式。可以看出，XYZ三维点坐标是必需属性，除此之外，每个数据集的数据表示为不同属性的组合，维度也不相同，那么这是否表示属性信息越丰富，维度越高，使用该数据集训练的深度神经网络进行场景理解的效果也就越好？可以明确的是，数据表示的维度越高，计算量越大。用于深度神经网络学习的点云数据表示形式与最终训练精度之间的对应关系是需要关注的一个研究方向。目前，大多数与点云数据集相关的论文只是列出了点云数据的表示形式，并没有说明采用这样的属性组合的原因，更没有通过实验验证其对深度神经网络学习效果的影响。

表3.1 三维激光点云数据集及其对应的数据表示形式

| 三维激光点云数据集 | 点云数据表示形式 |
|---|---|
| Oakland 3-D (2009年) [15] | 5 dim: [XYZ, label, confidence] |
| KITTI (2013年) [16] | 6 dim: [XYZ, reflectance, label, class] |
| Paris-rue-Madame (2014年) [17] | 6 dim: [XYZ, reflectance, label, class] |
| Vaihingen3D airborne benchmark (2014年) [18] | 4 dim: [XYZ, label] |
| Semantic3D.net (2017年) [19] | 7 dim: [XYZ, intensity, RGB] |
| Paris-Lille-3D (2018年) [20] | 10 dim: [XYZ, xyz_origin, GPS_time, reflectance, label, class] |
| SemanticKITTI (2019年) [21] | 6 dim: [XYZ, reflectance, label, class] |
| Toronto-3D (2020年) [22] | 10 dim:[XYZ, RGB, intensity, GPS time, scan angle rank, label] |

### 3.4.2 三维激光点云数据集的语义标注方法

标注数据集的发布是推动深度学习技术在该领域深入应用的驱动力。2.1.1节共介绍了16种公开的三维激光点云数据集，对其进行归纳总结，数据集标注方法主要有三大类：第一类是手动标注方法，如IQmulus & TerraMobilita Contest[23]、Paris-Lille-3D[20]、TUM-MLS[24,25]等，这也是目前主流的数据集标注方法；第二类是首先采用自动分割方法进行粗标，然后采用人工辅助的方式对其进行精标，如Paris-rue-Madame[17]；第三类是众包。由于激光点云数据量巨大，手动标注费时费力，因此第二类标注方法是下一步研究的主要方向。

### 3.4.3 三维激光点云语义分割存在的挑战

近年来，学者发表的论文以深度神经网络结构的设计为主。研究人员投入大量精力对现有网络模型进行改进或设计新的网络结构，并用公开数据集进行验证。2.2 节将基于深度学习的三维点云语义分割技术分为五大类：统计分析法、投影图像法、其他传统的语义分割方法、基于二维图像的方法和基于三维点云的方法，并分别对每一类方法进行了综述。

针对点云语义分割下一步的研究方向主要有：①提高分类/检测/分割的提取精度，注重精细粒度的提取，尤其是目标边界的提取精度；②轻量级深度神经网络结构的设计，在保证提取精度的前提下，压缩网络结构的规模，或对模型进行剪枝，降低 GPU 占用时长和内存占用率；③三维点云描述子的设计，由于点云的不规则性，与二维卷积相比，三维点云描述子的设计是一个难点；④高质量、大规模公开数据集的发布，数据集是进行深度学习的基础，也是推动深度学习技术快速发展的动力。

## 参 考 文 献

[1] Deng J, Dong W, Socher R, et al. Imagenet: A large-scale hierarchical image database[C]//2009 IEEE Conference on Computer Vision and Pattern Recognition, Miami, 2009.

[2] 黄安埠. 深入浅出深度学习：原理剖析与 Python 实践[M]. 北京：电子工业出版社, 2017.

[3] 伊恩·古德菲洛, 约书亚·本吉奥, 亚伦·库维尔. 深度学习[M]. 赵申剑, 黎彧君, 符天凡，等译. 北京：人民邮电出版社, 2017.

[4] 王江源. 卷积神经网络基础总结[EB/OL]. http://blog.sina.com.cn/s/blog_44befaf60102whed.html[2021-02-04].

[5] 马飞飞. 数据预处理方式（去均值、归一化、PCA 降维）[EB/OL]. https://blog.csdn.net/maqunfi/article/details/82252480[2021-02-04].

[6] 赵永科. 深度学习: 21 天实战 Caffe[M]. 北京：电子工业出版社, 2016.

[7] 冯超. 深度学习轻松学[M]. 北京：电子工业出版社, 2017.

[8] yunpiao123456. 卷积神经网络概念与原理[EB/OL]. http://blog.csdn.net/yunpiao123456/article/details/52437794[2021-02-04].

[9] Jeff H. Deep learning framework power scores 2018[EB/OL]. https://towardsdatascience.com/deep-learning-framework-power-scores-2018-23607ddf297a[2021-02-04].

[10] Guo B, Huang X F, Zhang F, et al. Classification of airborne laser scanning data using JointBoost [J]. ISPRS Journal of Photogrammetry & Remote Sensing, 2015, 100: 71-83.

[11] Krizhevsky A, Sutskever I, Hinton G E. Imagenet classification with deep convolutional neural networks[J]. Advances in Neural Information Processing Systems, 2012, 25: 1097-1105.

[12] Ren S, He K, Girshick R, et al. Faster R-CNN: Towards real-time object detection with region proposal networks[J]. Advances in Neural Information Processing Systems, 2015, 28: 91-99.

[13] Dai J, He K, Sun J. Boxsup: Exploiting bounding boxes to supervise convolutional networks for semantic segmentation[C]//IEEE International Conference on Computer Vision, Boston, 2015.

[14] He K, Gkioxari G, Dollár P, et al. Mask R-CNN[C]//IEEE International Conference on Computer Vision, Honolulu, 2017.

[15] Munoz D, Bagnell J A, Vandapel N, et al. Contextual classification with functional max-margin Markov networks[C]//IEEE Conference on Computer Vision and Pattern Recognition, Miami, 2009.

[16] Geiger A, Lenz P, Stiller C, et al. Vision meets robotics: The KITTI dataset[J]. The International Journal of Robotics Research, 2013, 32(11): 1231-1237.

[17] Serna A, Marcotegui B, Goulette F, et al. Paris-rue-Madame database: A 3D mobile laser scanner dataset for benchmarking urban detection, segmentation and classification methods[C]//The 4th International Conference on Pattern Recognition, Applications and Methods ICPRAM 2014, Angers, 2014.

[18] Niemeyer J, Rottensteiner F, Soergel U. Contextual classification of lidar data and building object detection in urban areas[J]. ISPRS Journal of Photogrammetry and Remote Sensing, 2014, 87: 152-165.

[19] Hackel T, Savinov N, Ladicky L, et al. Semantic3d. net: A new large-scale point cloud classification benchmark[EB/OL]. https://www.doc88.com/p-7405651796273.html?r=1 [2017-04-20].

[20] Roynard X, Deschaud J E, Goulette F. Paris-Lille-3D: A large and high-quality ground-truth urban point cloud dataset for automatic segmentation and classification[J]. The International Journal of Robotics Research, 2018, 37(6): 545-557.

[21] Behley J, Garbade M, Milioto A, et al. Semantickitti: A dataset for semantic scene understanding of lidar sequences[C]//IEEE/CVF International Conference on Computer Vision, Seoul, 2019.

[22] Tan W, Qin N, Ma L, et al. Toronto-3D: A large-scale mobile lidar dataset for semantic segmentation of urban roadways[C]//IEEE/CVF Conference on Computer Vision and Pattern Recognition Workshops, Seattle, 2020.

[23] Vallet B, Brédif M, Serna A, et al. TerraMobilita/iQmulus urban point cloud analysis benchmark[J]. Computers & Graphics, 2015, 49: 126-133.

[24] Gehrung J, Hebel M, Arens M, et al. An approach to extract moving objects from MLS data using a volumetric background representation[C]. ISPRS Annals of Photogrammetry, Remote Sensing and Spatial Information Sciences, Hannover,2017.

[25] Zhu J, Gehrung J, Huang R, et al. TUM-MLS-2016: An annotated mobile LiDAR dataset of the TUM city campus for semantic point cloud interpretation in urban areas[J]. Remote Sensing, 2020, 12(11): 1875.

# 第4章　LiDAR点云的组织与管理

## 4.1　引　　言

随着三维激光扫描系统的快速发展，其获取的高密度、高精度三维点云数据已成为用来表达三维空间信息的一大主流数据类型，能够快速提供被测场景三维目标表面精确、丰富的三维语义信息，与此同时，也给如何高效地组织与管理点云数据提出了更高的要求。针对车载点云数据的海量、空间离散等特性，为实现其高效管理，通常需要基于外存辅助数据结构加快空间查询的速度。现有的点云数据索引结构按照其复杂程度可分为两大类：①单一索引结构，如四叉树索引[1]、八叉树索引[2]、R树索引及其变种[3-7]；②混合索引结构，如双层四叉树索引[7]、八叉树与KD(K-dimention)树混合索引[8]、八叉树LOD(level of detail)索引[9]、四叉树结合R树混合索引[10,11]、四叉树结合八叉树混合索引[12]、八叉树与$R^{+}$树混合索引[13]、四叉树结合KD树混合索引[14-16]等。

然而，现有的点云数据组织与管理方式对海量车载LiDAR点云数据的组织与管理存在一定的局限性，主要体现在以下方面：①单一索引对少量、分布均匀的点云进行组织与管理效果较好，而不适用于由车载LiDAR扫描系统获取的大尺寸场景点云(海量、分布不均匀)的组织与管理，如四叉树、八叉树、R树及其变种、KD树等单一索引；②与应用领域相结合的混合索引，鲁棒性差，当应用场景发生变化时，点云数据的检索效率较低；③点云数据的组织与管理方式与某些点云后期处理算法无法配合使用，例如，先创建八叉树全局结构，再在局部创建KD树索引，该混合结构适合单点查询或$K$邻域搜索，针对采用分块策略的搜索算法，该索引结构则无能为力。

针对以上问题，为了提高点云数据检索的效率，非常有必要对叶子节点的点云进行二次重组。重组的方式就是在原有索引结构的叶子节点再次构造索引结构，形成一种新的二级混合索引。构造混合索引的主要技术包括：①单一索引结构的选择要取长补短，充分发挥单一索引结构的优势，弥补劣势；②确定全局索引结构分割终止的条件等；③设计全局索引和局部索引的构建算法，包括存储数据结构的设计、分割维度的选择、分割面的确定等。

本章以车载LiDAR点云数据为研究对象，研究如何将全局KD树与局部八叉树有效结合对点云数据进行组织和管理，提出一种新的Kd-OcTree混合索引结构。首先，构造全局KD树索引，从全局角度确保为一棵平衡树，可有效避免整体数据结构向一边倾斜以及树结构深度过大等问题；然后，在 KD 树的叶子节点再构建局部八叉树对海量点云进行二次重组，采用分块策略以体素为单位对点云实现快速检索，进一步提高对海量点云数据的组织与管理效率。实验部分使用三个场景数据测试 Kd-OcTree 混合索引的效率，从构建索引速度、邻域搜索速度、索引结构对真实场景三维目标的感知效果、阈值敏感度、中央处理器(central processing unit, CPU)占用率和内存占用率等方面与 KD 树和 OcTree 索引进行对比分析，验证了 Kd-OcTree 混合索引在提高邻域搜索和索引构建速度的同时还可以降低内存以及 CPU 消耗，并通过地面点滤除效果的可视化来展示 Kd-OcTree 混合索引结构对三维目标感知的有效性。

## 4.2　两级混合索引结构的确定

四叉树是二叉树的高维变体，为一种二维空间索引结构，当用其对三维点云进行组织与管理时，需把三维点云投影到二维空间；或者直接舍弃高程信息，只考虑 $X$ 轴坐标和 $Y$ 轴坐标。若以四叉树为基础，通过与其他索引结构组合构建混合索引，需首先计算每个节点的最小外包矩形(minimum bounding rectangle, MBR)，然后利用该 MBR 逆推三维空间提取对应格网中的点云数据。R 树及其变种为一种高度平衡的多维空间索引结构，所有的叶子节点都在同一层。然而，对于由车载 LiDAR 扫描系统获取的城区大场景海量点云数据，居民区建筑物、树木、电线杆等分布密集，而有的区域只有零散的三维地物目标存在，点云分布不均匀是车载激光扫描数据的一大特点。若用高度平衡的 R 树对其进行组织与管理，则会有大量“无点空间”的存在，无形之中会浪费大量存储空间，同时也会大大降低在叶子节点中对点云进行检索的效率。KD 树是一种多维空间数据结构，当对三维点云数据进行组织时，$k$=3，而且 KD 树是一棵平衡二叉树，叶子节点都在同一层或者邻近层。均匀八叉树是一种经典的三维数据结构，经过迭代划分，点云数据被均匀地划分到各个子节点中，但叶子节点所在层数会存在差别很大的情况。根据以上分析，本章选取 KD 树和八叉树来构建两级混合索引结构。

### 4.2.1　全局 KD 树索引

KD 树是 $k$ 维的二叉索引树，树中存储 $k$ 维数据，主要用于检索多维数据或多属性数据。对于点云数据，$k$=3，而属性个数 $n \geqslant 3$，数据中除了包含三维点坐标，还可包含反射强度、RGB 等信息。构造 KD 树索引结构对激光点云进行组织和管理实质上是对其所对应的三维空间进行划分，每个子节点都为一个三维的超矩形区域。KD 树索引逻辑结构图如图 4.1 所示。

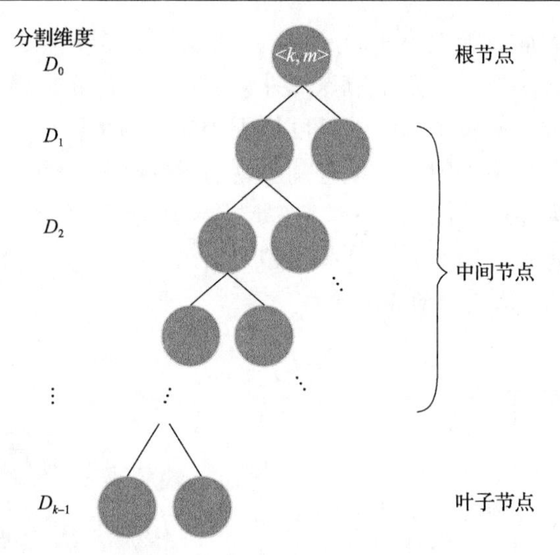


图 4.1　KD 树索引逻辑结构图

$D_k$ 为分割维度，$m$ 为该维度的中位数

对一个三维数据集构造 KD 树，最初所有的点属于根节点，选择一个分割维度 $D_i$ 对三维数据进行划分，即用一个垂直于该维度 $D_i$ 的超平面将三维空间一分为二，平面一边的所有三维数据在维度 $D_i$ 上的值均小于平面另一边所有三维数据在维度 $D$ 上的值。根据分辨器选择当前层分割维度 $D_j$ 进行如上划分，又得到新的子空间，对新的子空间再继续进行划分，重复以上过程直到每个子空间不能再划分或达到分割终止条件。

在构造 KD 树时，需要首先定义分辨器，也就是确定每层的分割维度；然后在分割维度的基础上确定分割超平面，要确保 KD 树为一棵平衡二叉树或接近于平衡二叉树，前提是在当前维度上按照分割超平面划分之后两个子集合中包含的点数尽量相等。

对于分割维度的选择，常见的有最大方差法和 $k$ 个维度依次循环法两种。

(1)最大方差法：首先计算在各个维度上的方差 invariance0，invariance1，…，invariance$k$–1；然后将其进行比较，求出最大方差 max_invariance，最大方差所在的维度就是分割维度。最大方差法每次都需要对各个子空间在 $k$ 个维度上分别求方差，迭代多次，计算复杂度高。

(2)$k$ 个维度依次循环法：利用该方法分割维度简单许多，大大降低了计算量。例如，第一次以 $x$ 轴为分割维度，第二次以 $y$ 轴为分割维度，第三次以 $z$ 轴为分割维度，以此类推，循环往复，分辨器定义为 $i \bmod k$ 或 $(i+1) \bmod k$，其中 $i$ 表示当前分割维度($i$=0, 1, 2, …, $k$–1)。

对于分割面的确定，文献[17]选取最长轴作为分割轴，以其中间点建立分割平面，把点云空间均分为大小相同的两个子空间。若初始点云外包盒为长方体或呈扁平状，则此分割方式能使子节点的外包盒逐步趋向正方体。分割点云的目的并不是将空间均分，使各个轴向的长度趋于相同，而是使点云均匀分布在各个子节点中。当点云分布不均匀时，该分割规则会导致有些子节点点云密度偏大，而有些子节点点数为零或近似为零。本节选取相应分割维度的中值作为分割点坐标，通过该坐标建立垂直于当前分割维度的超平面，可确保点云均匀分布在各个子节点中。KD 树分割示意图如图 4.2 所示。

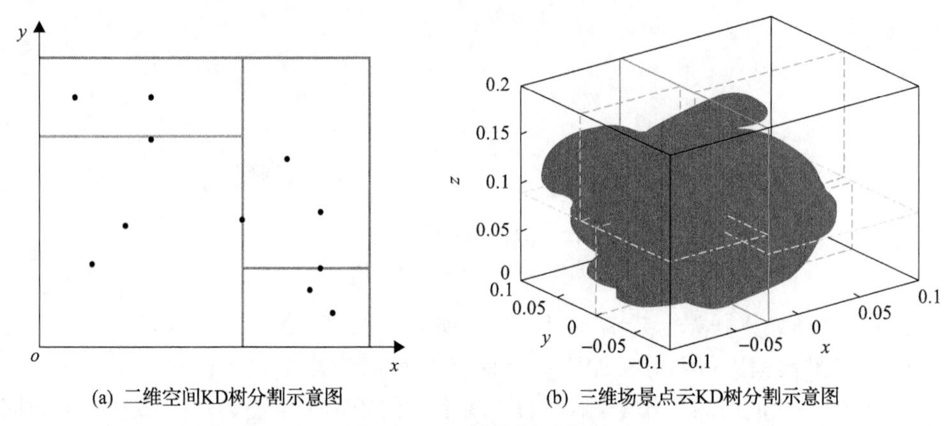


(a) 二维空间KD树分割示意图　(b) 三维场景点云KD树分割示意图

图 4.2　KD 树分割示意图

KD 树空间索引可以建立点与点之间的邻接关系，因此在单点查找或点的 $K$ 邻域查找方面效率较高。然而，由于点云数据的海量特性，点与点之间邻接关系的建立会耗费较长的时间、占用大量的存储空间；构建好 KD 树之后，在对点云进行邻域搜索时，采用逐点搜索的方式，速度较慢；与采用分块处理策略的点云数据后处理算法不能配合使用，如文献[2]提出的基于体素的向上生长算法。若利用该算法从三维自然场景中滤除地面点，则无法使用单一的 KD 树空间索引对点云数据进行组织和管理。因此，首先利用 KD 树为一棵平衡二叉树的优势，从全局的角度出发，在点云数据上构造 KD 树，确保整体索引结构的平衡。

### 4.2.2　局部八叉树索引

局部八叉树索引是按一定规则将三维空间进行剖分，通过确定最大分割次数或叶子节点最小包围盒(minimal bounding box, MBB)宽度阈值将三维空间等分为八份，分割后所有非空叶子节点的最小包围盒大小相等，叶子节点数为 $2N\times2N\times2N$($N$ 为分割次数)，此分割方式没有考虑点分布密度。与其他三维空间索引结构相对，该结构简单，易于实现，可操作性强，分割示意图如图 4.3 所示。若点云数据的空间分布比较均匀且数据量不是很大，则可达到快速检索的目的。

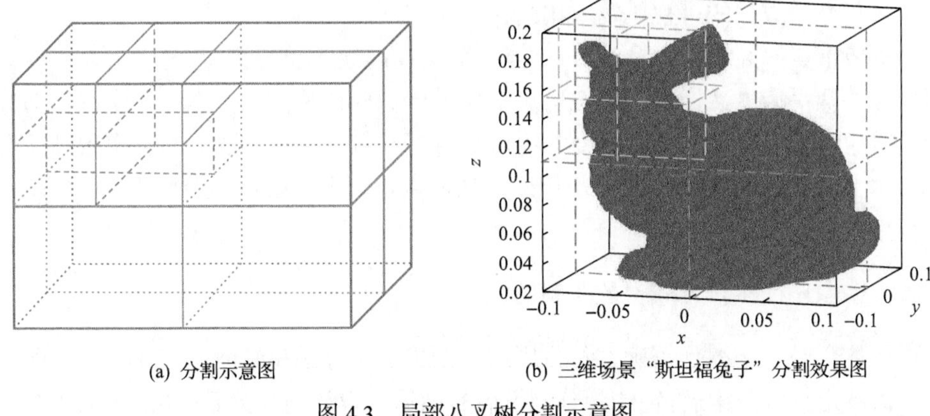


(a) 分割示意图　(b) 三维场景“斯坦福兔子”分割效果图

图 4.3　局部八叉树分割示意图

由于车载 LiDAR 扫描系统获取的点云一般是被测区域的地物表面数据，在三维空间上点云并不是均衡地分布在所有的区域，即真实点云在空间上分布不均匀，扫描设备周围的点分布密集，较远的区域点分布相对稀疏，而有些区域无点分布。在点云分布不均匀的情况下，均匀八叉树单一索引结构存在的弊端就会凸显，各个叶子节点中点云数据量差别较大，整颗八叉树深度过大，为使整颗八叉树结构平衡，需添加大量无点节点，造成大量“无点空间”的浪费，而在邻域搜索时所有的节点都会遍历一遍，从而大大降低了在叶子节点中对点检索的效率[18]。

针对该问题，有学者对均匀八叉树进行改进，提出了自适应八叉树[19]，依据点密度进行划分，点密度越大，分割次数越多；点密度越小，分割次数越少，通过迭代逐层划分直至所有叶子节点达到终止条件，分割后各非空叶子节点中点的数目基本一致。该方式虽避免了“无点空间”的出现，但是当点云分布不均匀时，仍不能避免八叉树最大深度过高、树结构失衡等问题，若在最底层叶子节点中进行点云搜索，则所耗时间会远远超出均匀八叉树的检索时间，从而影响整个点云数据的检索效率。若大量增加八叉树的叶子节点，使八叉树趋于平衡，则需构建大量无点节点，又变成了经典八叉树结构。

通过以上分析可知，若想在节省存储空间的同时提高点云检索速度，仅使用八叉树单一索引结构对点云进行组织是难以实现的。

## 4.3　Kd-OcTree 混合索引的构建

目前，已有的八叉树与 KD 树的混合索引均是外层为八叉树、内层为 KD 树的组织方式[9,18]，即先建立八叉树，再在八叉树的叶子节点建立 KD 树。这种形式的混合索引利用 KD 树单点查询效率高的优势，可以将数据索引到单个空间三维点，多与点云数据的可视化技术相结合。

本节重点研究车载海量 LiDAR 点云数据的高效组织与管理，充分利用 KD 树可构建一棵平衡二叉树的优势，构建全局 KD 树对海量点云数据进行组织，而在 KD 树的叶子节点用八叉树索引结构对海量点云数据进行二次重组，实现高效管理。本书将全局用 KD 树而局部用八叉树的两级混合索引结构命名为 Kd-OcTree 混合索引。

### 4.3.1 Kd-OcTree 混合索引的逻辑结构

构造全局 KD 树，需确定每一层的分割维度和分割超平面。首先，以当前层分辨器确定的一个维度 $D_i$ 作为分割维度；然后，以当前层分割维度 $D_i$ 上所有点云的中位数为分割超平面，将原始三维点云空间划分为两个子空间。关于中位数的求解，需将点云数据按照在当前维度 $D_i$ 上的坐标 PtCoordinate[$D_i$]重新排序，处在近似中间位置的值即为中位数。也就是说，在构造全局 KD 树的过程中，点云之间的邻域关系被重构，无序点变为有序点，大大提高了单点查询的效率，但是构建这种邻域关系的算法时间复杂度过高，时间主要耗费在对海量数据的排序上，因此对整体点云都进行 KD 树的构建效率会比较低。针对该问题，本节设置 KD 树叶子节点点数阈值以及最大分割层数阈值，当节点点数达到点数阈值，或者当前层数达到最大分割层数阈值时，KD 树构建完毕，最后，把当前节点标记为叶子节点。

为节省存储空间，全局 KD 树索引结构的中间节点不存储真实点云，只存储指向左、右子树的指针，待分割维度以及待分割点坐标；真实点云直接存储在叶子节点，包括节点中的点数、分割到该节点的点云编号、外包围盒大小等。该存储方式大大压缩了数据存储量，另外，由于指针采用地址寻址方式，该寻址方式可从根节点快速定位到每个叶子节点，加快点云检索的速度。下面在 KD 树的每个叶子节点，基于分块存储策略依次生成局部八叉树，当达到分割终止条件时，当前局部八叉树构建完毕。同样，局部八叉树的内部节点不存储真实点云，只存储节点编号(0～7)、点云数据集编号和点数，真实点云直接存储在叶子节点。依次遍历 KD 树的每个叶子节点，在每个叶子节点分别构建局部八叉树索引结构，整个二级混合索引构建完毕。Kd-OcTree 混合索引逻辑结构示意图如图 4.4 所示。

### 4.3.2 Kd-OcTree 混合索引的数据结构

Kd-OcTree 混合索引数据结构图(图 4.5)包括以下四种类型的数据对象。①树结构体类型：KdTree 为 KD 树结构体类型，Octree 为八叉树结构体类型。②节

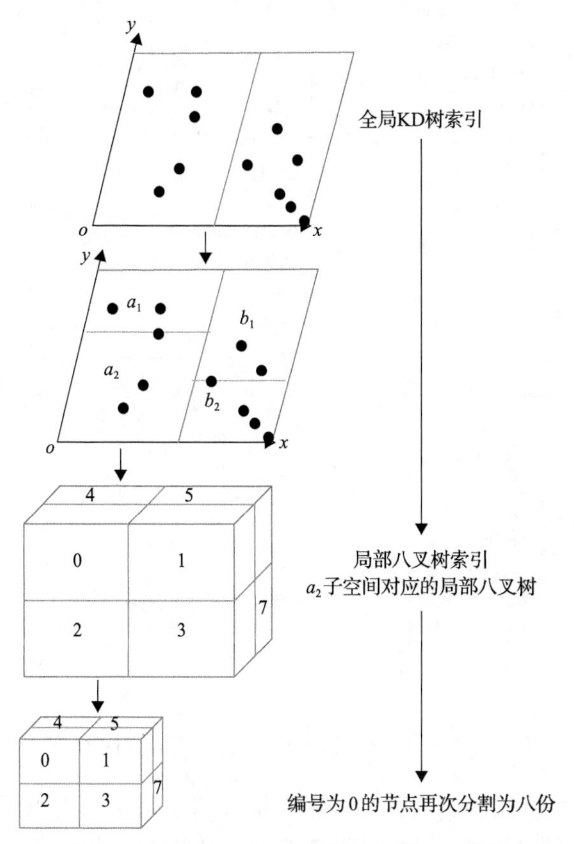


图 4.4　Kd-OcTree 混合索引逻辑结构示意图

点类型：KdNode 为 KD 树节点结构体类型。③顺序堆栈类型：Stack 为顺序堆栈结构体类型。④链式栈类型：LinkStack 为链式栈结构体类型。每种数据类型又包括若干属性，其中 KdTree 包括 size(点云数据集大小)和 root(指向 KD 树根节点指针)两个属性；KdNode 包括 kd_cuttingDim(分割维度)、kd_cuttingCoordinate[3](分割点三维坐标)、SubDivided(节点分解标记)、PtIDs(点集编号)、Pts(点的个数)、leafBoundingBox[6](叶子节点包围盒大小)、lchild(左子树指针)、rchild(右子树指针)以及 flag(左右子树标记)等属性；Stack 包括 base(指向当前节点的指针)和 next(指向下一个节点的指针)两个属性；LinkStack 包括 top(指向栈顶的指针)属性；Octree 包括 Center[3] (节点包围盒中心坐标)、bbWidth(包围盒宽度)、leafNode[8](指向 8 个子节点的指针)、Parent(指向父节点的指针)、iNodeID(节点编号 0～7)、PtIDs(点集编号)以及 Pts(点的个数)等属性。

与通常采用的递归方法、定长数组数据结构来构建索引结构不同，本章采用循环方法、堆栈数据结构。递归方法实现起来简单，但在层层递归调用的过程

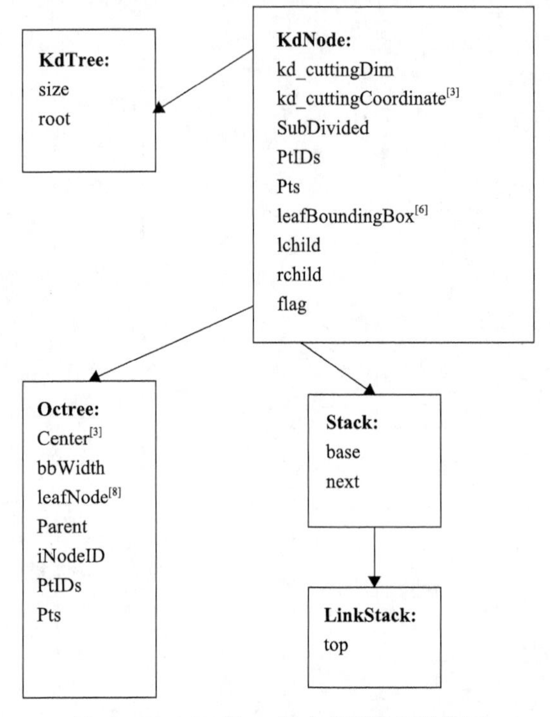


图 4.5　Kd-OcTree 混合索引数据结构图

中要保存现场，所有中间变量的结果都会被保留下来，这占用了大量存储空间；定长数组为静态分配方式，使用前要首先预测内存最大使用情况，然后将其定义为数组的大小，处理的过程中有可能会有大量存储空间闲置，造成资源浪费。堆栈数据结构是一种动态存储结构，分配的存储空间的大小随实际使用情况动态调整，数据出栈后立刻把存储空间归还系统；在构建 Kd-OcTree 混合索引结构时，在堆栈中只存储了指向点云的指针，不包括真实点云，进一步降低了内存占用率，提高了全局 KD 树构建的速度。

两级索引结构优势互补，整体索引结构的平衡通过全局 KD 树实现，分割维度和分割超平面的确定方法保证了 KD 树左右分支均衡，此时树结构的层数也最小；后期数据处理速度的提高通过局部八叉树索引结构实现——在 KD 树叶子节点构建八叉树数据结构对点云再次进行组织，确保后期对海量点云数据的处理能够以体素为单位进行快速检索。也就是说，Kd-OcTree 混合索引通过对海量点云数据进行高效组织，为点云数据后处理的效率提供了技术保障。下面分别给出全局 KD 树与局部八叉树的具体构造流程及算法描述，其中全局 KD 树构造流程如图 4.6 所示，局部八叉树构造流程如图 4.7 所示。

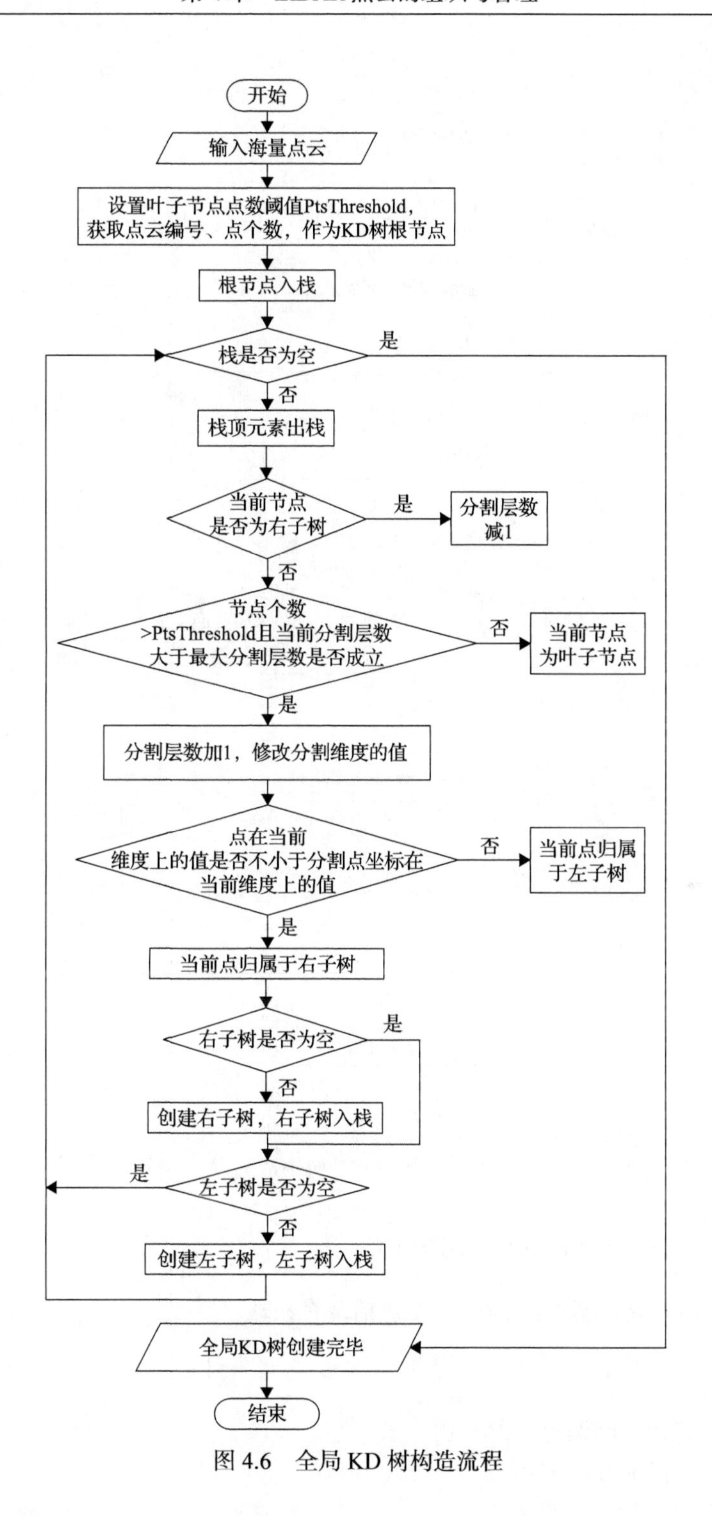


图 4.6　全局 KD 树构造流程

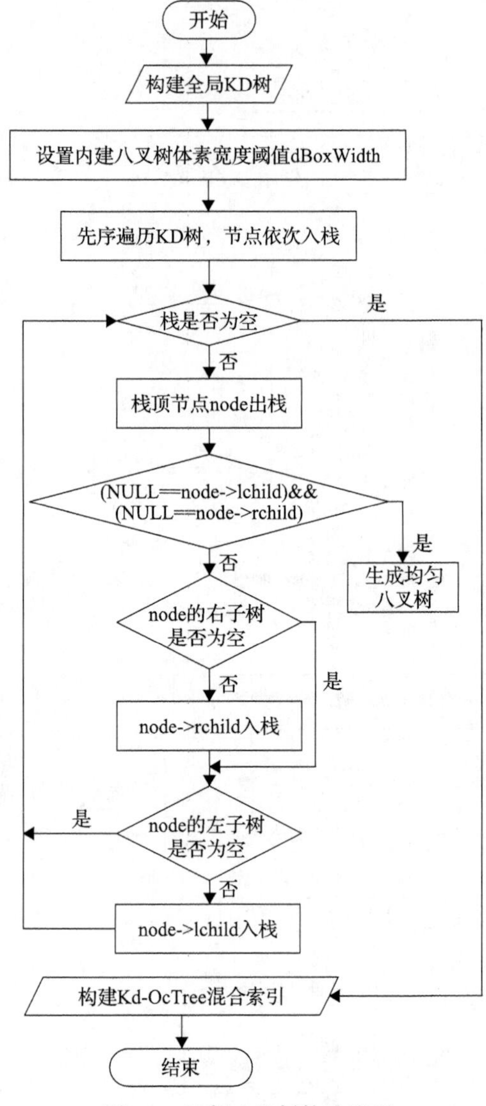


图 4.7　局部八叉树构造流程

### 4.3.3　Kd-OcTree 混合索引的构造算法

Kd-OcTree 混合索引的构造主要包括两个阶段。

1. 构造全局 KD 树

输入：海量车载激光 LiDAR 点云。
输出：全局 KD 树索引。

步骤 1：设置全局 KD 树叶子节点点数阈值 PtsThreshold。

步骤 2：从 LAS/TXT 文件获取原始点云，得到点云编号及点数，作为 KD 树根节点。

步骤 3：设置第一次分割维度 kd_cuttingDim=0，即根节点的分割维度。

步骤 4：计算当前点云的最大分割次数 KdTreeMaxSubdivision。

步骤 5：调用求中值函数 median 求解当前维度上的中值，返回分割点坐标。

(1)采用堆排序算法对点云当前维度上的值进行排序。

(2)若点的个数 nPts 为奇数，则中值 middle 为编号是 nPts/2 的点；若点的个数 nPts 为偶数，则中值 middle 为编号是 nPts/2–1 的点。

(3)根据 middle 求分割点坐标。

步骤 6：采用堆栈数据结构构建全局 KD 树。

(1)根节点入栈。

(2)判断栈当前是否为空，若栈不为空：

① 栈顶元素出栈。

② 若当前节点 node 为右子树，即 node-＞flag= 'r'，则当前分割层数 KdTreeCurrentSubdivision 减 1。

③ 若当前节点的点数大于 KD 树叶子节点阈值 PtsThreshold，并且 KdTreeCurrentSubdivision≤KdTreeMaxSubdivision，则继续分割。

(i)当前分割层数 KdTreeCurrentSubdivision 加 1；修改分割维度的值，分辨器设计为 node-＞z_kd_cuttingDim = (node-＞z_kd_cuttingDim+1)%3。

(ii)循环判断每个点的归属情况，若点在当前维度上的值小于等于分割点坐标在当前维度上的值，则当前点归属于左子树；否则，当前点归属于右子树；保存点集编号及点的个数。

(iii)若右子树非空，则执行步骤 5，计算待分割节点的中值和分割点坐标，创建右子树，node-＞rchild 入栈。

(iv)若左子树非空，则执行步骤 5，计算待分割节点的中值和分割点坐标，创建左子树，node-＞lchild 入栈。

④ 若③中条件不成立，则 node 为叶子节点，保存节点信息，包括点云编号 PtIDs、点个数 Pts、叶子节点包围盒大小 leafBoundingBox[6]。

⑤ 跳转至步骤 6 的(2)，循环执行，直到栈为空，执行(3)。

(3)全局 KD 树创建完毕，返回 KD 树根节点指针，以此作为点云搜索的起始点。

### 2. 在 KD 树叶子节点内构建局部八叉树索引

输入：全局 KD 树及 KD 树叶子节点信息。

输出：Kd-OcTree 混合索引。

步骤 1：设置内建八叉树体素宽度阈值 dBoxWidth。

步骤 2：先序遍历 KD 树，节点依次入栈。

步骤 3：判断栈当前是否为空，若栈不为空，则栈顶节点 node 出栈。

步骤 4：若(NULL==node->lchild)&&(NULL==node->rchild)，表示节点 node 为 KD 树的叶子节点，则基于参数 dBoxWidth、PtIDs、Pts 和 leafBoundingBox[6]，采用分块存储策略，在当前叶子节点中生成均匀八叉树，直接将点云存入叶子节点。

步骤 5：若当前节点 node 的右子树非空，则 node->rchild 入栈。

步骤 6：若当前节点 node 的左子树非空，则 node->lchild 入栈。

步骤 7：循环执行步骤 3～步骤 6，直至栈为空，局部八叉树构建完毕。

整个 Kd-OcTree 混合索引构建完毕。

## 4.4 实验结果与分析

### 4.4.1 测试数据

要检测 Kd-OcTree 混合索引的效率以及对后期数据处理效果的影响，需要通过数据后处理算法来提取场景中某一类三维目标，包括地面点和非地面点。本章提出的 Kd-OcTree 混合索引将与基于体素的向上生长算法[17]相结合来测试两级混合索引结构的可行性和有效性。采用基于体素的向上生长算法滤除地面点，原因有二：①可行性，该方法能从最低点保留非地物目标，确保非地面点的完整性；②高效性，通过采用分块处理策略，基于体素的向上生长算法能够快速、高效地滤除测试数据集中的地面点，即使地面高低起伏、坑洼不平，滤波效果也不受影响。本章提出的 Kd-OcTree 混合索引对海量点云进行组织和管理，为后续章节提高激光点云后期数据处理的效率奠定了基础。

本实验使用的车载激光点云测试集采集于西安市某路段，全长约 4.8km，双向五车道，道路两旁包括密集的植被、高大的建筑物、丰富的交通灯电线杆、指示牌等，道路与道路中间有隔离花坛，是一种典型的现代城区设计模式。从中截取三段作为测试数据：场景一全长为 49.37m，点数为 823855 个，文件大小为 22.528MB；场景二全长为 80.24m，点数为 1563493 个，文件大小为 42.752MB；场景三全长为 143.05m，点数为 3352290 个，文件大小为 91.665MB。三段测试数据原始点云效果示意图如图 4.8 所示，测试集中除了植被、交通灯杆等地物目标，就是高密度的地面点，为检测该索引结构的有效性，采用基于体素的向上生长算法滤除地面点。硬件主要参数如下：CPU 为 Intel Core i5 2.6GHz，RAM 为 8.0GB，KINGSTON ATA 为 890GB。

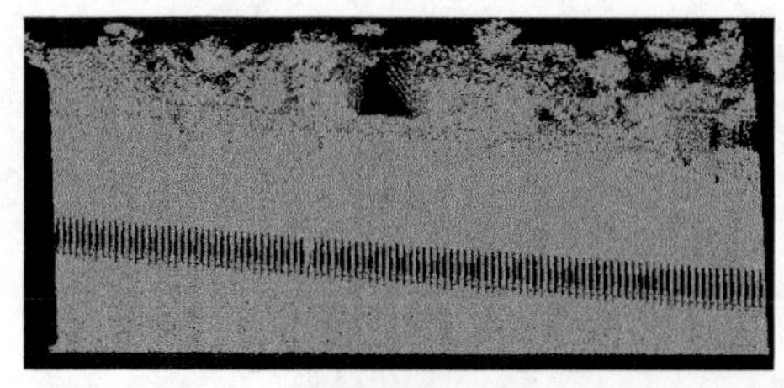

(a) 场景一

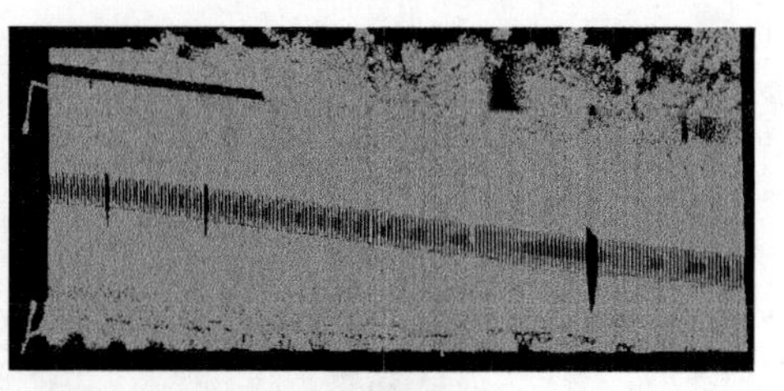

(b) 场景二

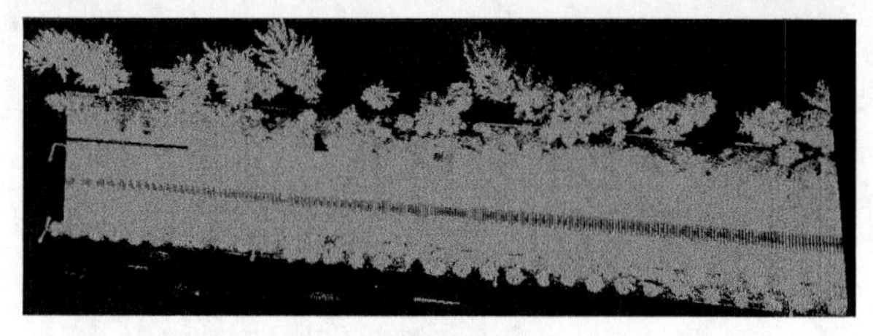

(c) 场景三

图 4.8　三段测试数据原始点云效果示意图

下面分别从构造索引速度测试、邻域搜索速度测试、索引结构对地面点感知效果的影响、对阈值敏感度测试以及 CPU 和内存的消耗情况五个方面将 Kd-OcTree 混合索引与单一 KD 树、八叉树进行对比分析，以此来验证本章提出的 Kd-OcTree 混合索引的可行性和有效性。

### 4.4.2　构造索引速度测试

表 4.1 列出了依次在三个场景测试集上构建三种索引花费的时间。图 4.9 展示了随着点云中包含点数的增多，创建索引所花费时间的变化趋势。设置全局 KD 树叶子节点点数阈值 PtsThreshold=50000，在此情况下将构造三种索引所花费的时间进行对比，可以看出，Kd-OcTree 混合索引的构建速度比单一索引八叉树和 KD 树的构建速度都要快。三个测试数据集包含的点数由几十万个增加到几百万个，点云分布相对比较均匀，在此情况下 KD 树、八叉树和 Kd-OcTree 三种索引的创建速度已拉开明显差距；若点数继续增加或者点云密度不均衡，则 Kd-OcTree 混合索引的优势会更加突出，而八叉树会因为出现倾斜以及 KD 树会因为深度过大造成两者的创建速度更慢。

表 4.1　三种索引建树时间对比

| 点数/个 | KD 树 (KdTree)/s | 八叉树 (OcTree)/s | KD 树+八叉树 (Kd-OcTree)/s |
|---|---|---|---|
| 823855 | 15.174 | 11.695 | 9.888 |
| 1563493 | 31.408 | 18.858 | 19.542 |
| 3352290 | 86.833 | 60.411 | 56.099 |

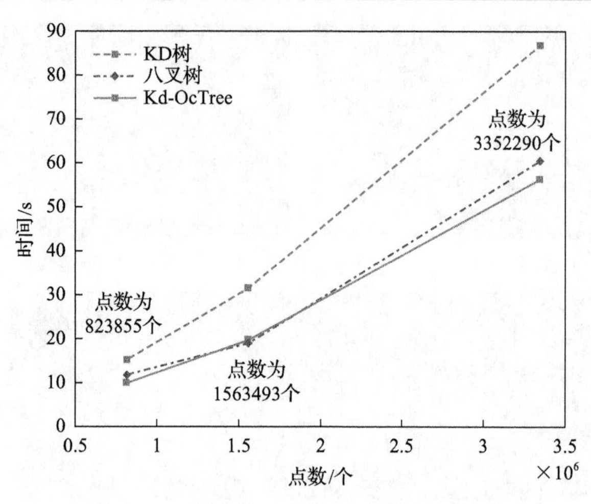


图 4.9　三种场景下三种索引建树时间对比

### 4.4.3　邻域搜索速度测试

首先在同一测试集上分别构建 Kd-OcTree 混合索引和八叉树单一索引，然后采用基于体素的向上生长算法将地面点滤除，以此来测试两种索引结构的邻域搜索速度。测试结果如表 4.2 和图 4.10 所示，在此没有显示 KD 树的地面点搜索时间，

**表 4.2　基于 OcTree 与 Kd-OcTree 索引的地面点搜索时间对比**

| 点数/个 | 八叉树<br>(OcTree)/s | KD 树+八叉树<br>(Kd-OcTree)/s |
| --- | --- | --- |
| 823855 | 8.203 | 0.949 |
| 1563493 | 27.431 | 2.928 |
| 3352290 | 92.258 | 5.229 |

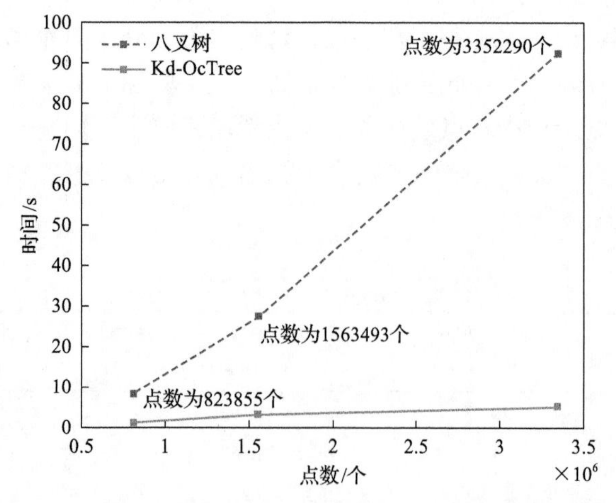


图 4.10　基于八叉树与 Kd-OcTree 的地面点搜索时间走势对比

是因为 KD 树通常用于单点邻域搜索，而基于体素的向上生长算法采用的是分块策略，两者无法配合使用。对比分析结果显示，采用 Kd-OcTree 混合索引对点云进行组织之后，对地面点搜索所花费的时间与八叉树单一索引相比大幅度降低。具体情况为：当点数为 823855 个时，速度提高了约 88.4%；当点数为 1563493 个时，速度提高了 89.3%；当点数为 3352290 个时，速度提高了约 94.3%。由此可知，点数越多，用 Kd-OcTree 混合索引对数据进行组织与管理的效率越高。

### 4.4.4　索引结构对地面点感知效果的影响

经过大量实验发现，不同的数据组织与管理方式不仅构建索引的效率不同、邻域搜索的速度不同，而且相同算法在不同索引结构的基础上对密集的地面点滤除会产生不同的结果。基于八叉树单一索引与 Kd-OcTree 混合索引的地面点滤除点数对比如表 4.3 所示，图 4.11 为其走势图。可以看出，基于 Kd-OcTree 混合索引滤除的地面点明显比基于八叉树单一索引滤除的地面点数多。具体情况为：当点数为 823855 个时，Kd-OcTree 混合索引比八叉树单一索引滤除地面点多 26590 个；当点数为 1563493 个时，前者比后者多滤除地面点 15395 个；当点数为 3352290 个时，前者比后者多滤除地面点 346553 个。

**表 4.3　基于 OcTree 与 Kd-OcTree 索引地面点滤除点数对比**

| 点数/个 | 八叉树 (OcTree)/个 | KD 树+八叉树 (Kd-OcTree)/个 |
|---|---|---|
| 823855 | 608627 | 635217 |
| 1563493 | 1085441 | 1100836 |
| 3352290 | 1763461 | 2110014 |

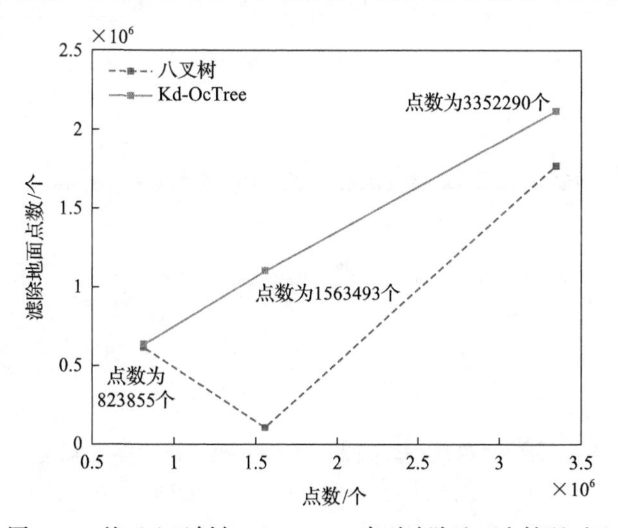


图 4.11　基于八叉树与 Kd-OcTree 索引滤除地面点情况对比

图 4.12、图 4.13 和图 4.14 分别为八叉树单一索引与 Kd-OcTree 混合索引在三个测试场景数据集上将地面点滤除之后的可视化效果，其中图 4.12(a)～图 4.14(a)表示基于八叉树单一索引地面点滤除效果，图 4.12(b)～图 4.14(b)表示 Kd-OcTree 混合索引地面点滤除效果。对比分析可以看出，基于 Kd-OcTree 混合索引进行地面点滤除的效果明显优于基于八叉树单一索引进行地面点滤除的效果。当场景

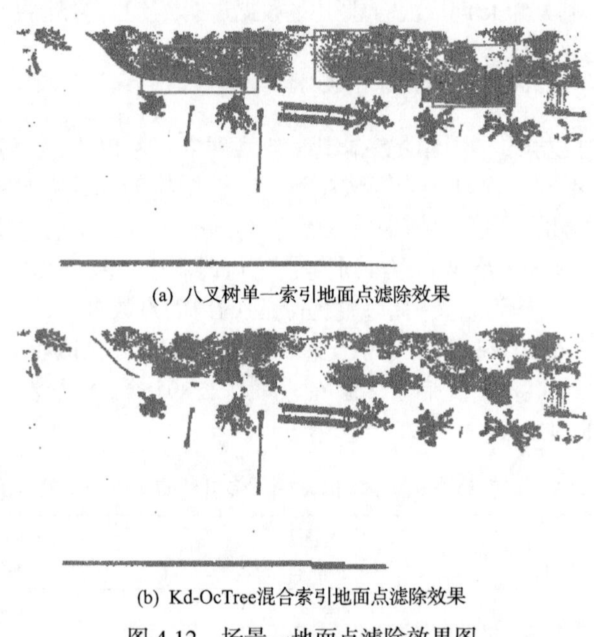

(a) 八叉树单一索引地面点滤除效果

(b) Kd-OcTree混合索引地面点滤除效果

图 4.12　场景一地面点滤除效果图

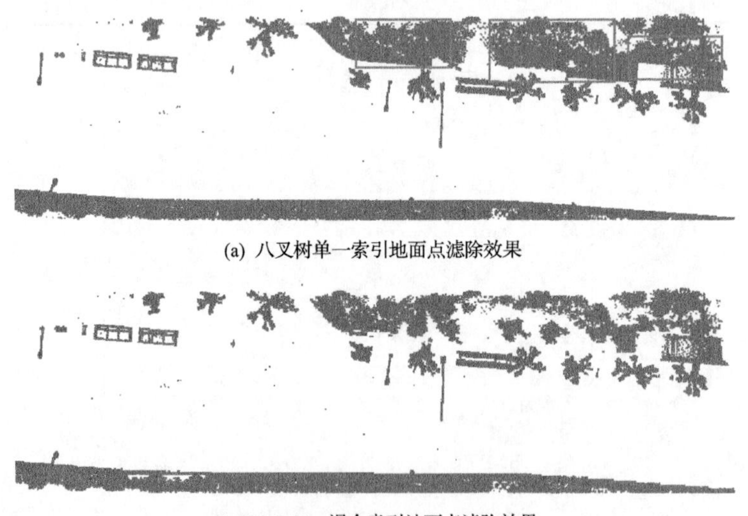

(a) 八叉树单一索引地面点滤除效果

(b) Kd-OcTree混合索引地面点滤除效果

图 4.13　场景二地面点滤除效果图

(a) 八叉树单一索引地面点滤除效果

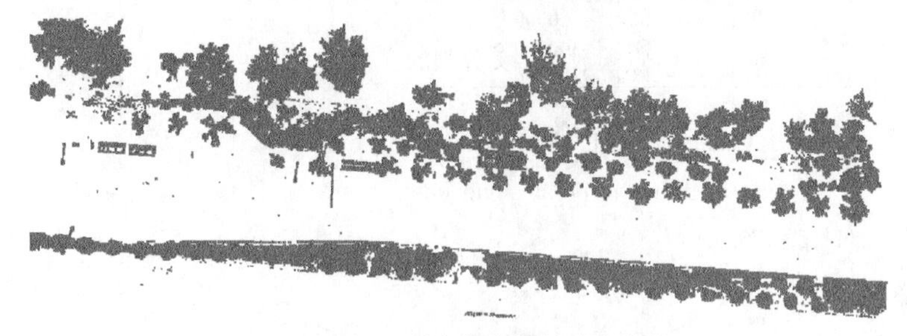

(b) Kd-OcTree混合索引地面点滤除效果

图 4.14　场景三地面点滤除效果图

中包含低矮植被时，八叉树单一索引无法将低矮植被与地面点分离，把地面点误判为低矮植被，不能滤除，出现点云连成一片的结果，即图 4.12(a)～图 4.14(a)中矩形框标示部分；对比而言，Kd-OcTree 混合索引能够更加准确地滤除地面点，植被的轮廓清晰可见，如图 4.12(b)～图 4.14(b)所示。

### 4.4.5　阈值敏感度测试

根据构造全局 KD 树算法及构造局部八叉树算法的描述可知，在使用 Kd-OcTree 混合索引对海量点云进行组织与管理时，涉及的阈值只有一个，即全局 KD 树叶子节点点数阈值 PtsThreshold。该阈值越大，全局 KD 叶子节点包含的点数越多，全局 KD 树层数越少，而局部八叉树层数越大；该阈值越小，全局 KD 树层数越多，而局部八叉树层数越少。本实验对全局 KD 树叶子节点点数阈值 PtsThreshold 会对构建的速度产生多大的影响进行测试，将 PtsThreshold 分别设置为 10000 个、50000 个、100000 个、300000 个、1000000 个、2000000 个、3000000 个，结果如表 4.4、图 4.15 所示。从测试结果可以看出，在当前测试环境下，对于本章采用的三个数据集，随着 KD 树叶子节点点数阈值的增大，Kd-OcTree 混合索引的创建所消耗的时间呈逐渐递减趋势。当 KD 树叶子节点点数阈值逐步增大到最大值，即达到整个点云点数总数或者超过总点数时，创建局部八叉树所耗费的时间即创建整个混合索引的时间趋于稳定。

**表 4.4　不同阈值对 Kd-OcTree 混合索引构建树的影响**

| 点数/个 | 不同阈值情况下构建 Kd-OcTree 混合索引的时间/s | | | | | | |
|---|---|---|---|---|---|---|---|
| | 10000 个 | 50000 个 | 100000 个 | 300000 个 | 1000000 个 | 2000000 个 | 3000000 个 |
| 823855 | 10.795 | 9.888 | 8.424 | 5.335 | 3.202 | 3.104 | 3.131 |
| 1563493 | 22.063 | 19.542 | 16.037 | 12.342 | 8.987 | 6.062 | 5.844 |
| 3352290 | 58.348 | 56.099 | 51.956 | 37.003 | 28.114 | 21.856 | 22.212 |

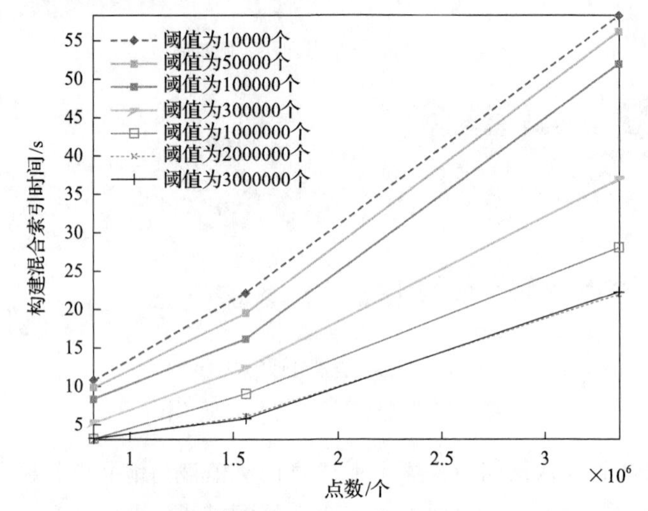


图 4.15　不同阈值情况下构建 Kd-OcTree 混合索引时间对比

下面具体分析影响 Kd-OcTree 混合索引构建整体速度的因素是构建全局 KD 树索引所消耗的时间还是构建局部八叉树所消耗的时间。以 PtsThreshold 取 10000 个、100000 个、300000 个、1000000 个、2000000 个、3000000 个为例，针对场景一、场景二和场景三分别测试构建全局 KD 树和局部八叉树所消耗的时间，测试结果如表 4.5 所示。从测试结果可以看出，阈值 PtsThreshold 越大，构造全局 KD 树的速度越快，而构造局部八叉树的速度变化不大。阈值 PtsThreshold 从 10000 个到 100000 个，构造局部八叉树所消耗的时间略有增加，而阈值 PtsThreshold 从 100000 个到 300000 个，所消耗的时间又略有降低。由此可见，影响 Kd-OcTree 混合索引整体构建速度的关键因素为构建全局 KD 树索引所消耗的时间。

**表 4.5　不同阈值情况下构造全局 KD 树与局部八叉树的时间**

| 点数/个 | 不同阈值情况下构造全局 KD 树与局部八叉树的时间/s | | | | | | | | | | | |
|---|---|---|---|---|---|---|---|---|---|---|---|---|
| | 10000 个 | | 100000 个 | | 300000 个 | | 1000000 个 | | 2000000 个 | | 3000000 个 | |
| | 全局KD 树 | 局部八叉树 | 全局KD 树 | 局部八叉树 | 全局KD 树 | 局部八叉树 | 全局KD 树 | 局部八叉树 | 全局KD 树 | 局部八叉树 | 全局KD 树 | 局部八叉树 |
| 823855 | 8.533 | 2.262 | 5.803 | 2.621 | 4.025 | 1.310 | 2.114 | 1.088 | 2.125 | 0.979 | 2.157 | 0.974 |
| 1563493 | 18.096 | 3.967 | 11.966 | 4.071 | 9.891 | 2.451 | 6.241 | 2.746 | 4.024 | 2.038 | 4.029 | 1.815 |
| 3352290 | 45.895 | 12.453 | 34.850 | 17.106 | 26.879 | 10.124 | 19.209 | 9.905 | 14.799 | 7.057 | 14.735 | 7.477 |

### 4.4.6　不同索引结构 CPU、内存消耗对比分析

根据 4.2 节对 Kd-OcTree 混合索引数据结构的理论分析，Kd-OcTree 混合索引与八叉树单一索引相比，前者占用较少的存储空间，本节利用场景一、场景二、场景三分别测试对比八叉树单一索引与 Kd-OcTree 混合索引的 CPU、内存最大消耗情况，结果如表 4.6、图 4.16 所示。可以看出，无论是内存还是平均 CPU 的消耗情况，Kd-OcTree 混合索引均优于八叉树单一索引，在内存占用率方面尤其明显。当点数为 823855 个时，Kd-OcTree 混合索引的内存占用率仅为八叉树单一索引内存占用率的 22.1%；当点数为 1563493 时，Kd-OcTree 混合索引的内存占用率为八叉树单一索引内存占用率的 19.7%；当点数为 3352290 个时，Kd-OcTree 混合索引的内存占用率为八叉树单一索引内存占用率的 17.7%。随着点云个数的增多，Kd-OcTree 混合索引的内存占用率不仅明显低于八叉树单一索引，而且其增长态势也明显慢于八叉树单一索引。

**表 4.6　八叉树单一索引与 Kd-OcTree 混合索引的 CPU、内存最大消耗对比**

| 场景(点数/个) | 八叉树 | | Kd-OcTree | |
|---|---|---|---|---|
| | 内存/MB | 平均 CPU/% | 内存/MB | 平均 CPU/% |
| 场景一(823855) | 343.296 | 16.91 | 75.904 | 11.80 |
| 场景二(1563493) | 637.932 | 23.49 | 125.556 | 17.38 |
| 场景三(3352290) | 1470.956 | 24.96 | 260.339 | 23.52 |

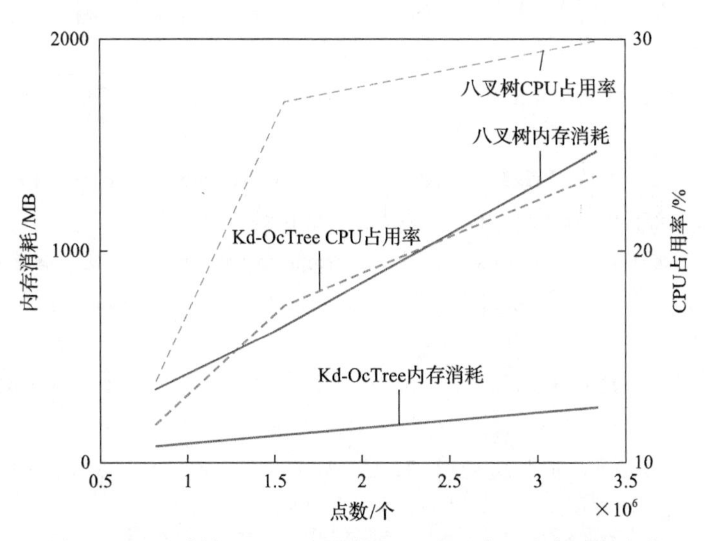


图 4.16　八叉树与 Kd-OcTree 的 CPU 占用率、内存消耗走势

# 参 考 文 献

[1] Samet H. The quadtree and related hierarchical data structures[J]. ACM Computing Surveys (CSUR), 1984, 16(2): 187-260.

[2] Meagher D. Geometric modeling using octree encoding[J]. Computer Graphics and Image Processing, 1982, 19(2): 129-147.

[3] Karlsson J S. HQT*: A Scalable Distributed Data Structure for High-Performance Spatial Accesses[M]. Boston: Springer, 2000.

[4] 龚俊, 谢潇. 基于 R 树索引的三维可视化查询方法[J]. 武汉大学学报(信息科学版), 2011, 36(10): 1140-1143.

[5] Beckmann N, Kriegel H P, Schneider R, et al. The R*-tree: An efficient and robust access method for points and rectangles[C]//ACM SIGMOD International Conference on Management of Data, Atlantic City, 1990.

[6] Zhu Q, Yao X, Huang D, et al. An efficient data management approach for large cyber-city GIS[J]. International Archives of the Photogrammetry, Remote Sensing and Spatial Information Sciences, 2002, 34(4): 319-323.

[7] 龚俊, 朱庆, 张叶廷, 等. 顾及多细节层次的三维 R-索引扩展方法[J]. 测绘学报, 2011, 40(2): 249-255.

[8] 陈驰, 王珂, 徐文学. 海量车载激光扫描点云数据的快速可视化方法[J]. 武汉大学学报(信息科学版), 2015, 40(9): 1163-1168.

[9] 郭明. 海量精细空间数据管理技术研究[D]. 武汉: 武汉大学博士学位论文, 2011.

[10] 谢洪. 基于地面三维激光扫描技术的海量定义模型重建关键算法研究[D]. 武汉: 武汉大学博士学位论文, 2013.

[11] 王晏民, 郭明. 大规模点云数据的二维与三维混合索引方法[J]. 测绘学报, 2012, 41(4): 605-612.

[12] Yang J, Huang X. A hybrid spatial index for massive point cloud data management and visualization[J]. Transactions in GIS, 2014, 18: 97-108.

[13] Richter R, Behrens M, Döllner J. Object class segmentation of massive 3D point clouds of urban areas using point cloud topology[J]. International Journal of Remote Sensing, 2013, 34(23): 8408-8424.

[14] 齐晓隆. 基于八叉树与 R+树的点云混合索引研究[D]. 北京: 北京建筑大学硕士学位论文, 2013.

[15] 杨建思. 机载/地面海量点云数据组织与集成可视化方法研究[D]. 武汉: 武汉大学博士学位论文, 2011.

[16] 杨建思. 一种四叉树与 KD 树结合的海量机载 LiDAR 数据组织管理方法[J]. 武汉大学学报（信息科学版）, 2014, 39(8): 918-922.

[17] 刘艳丰. 基于 kd-tree 的点云数据空间管理理论与方法[D]. 长沙: 中南大学硕士学位论文, 2009.

[18] 徐鹏. 海量三维点云数据的组织与可视化研究[D]. 南京: 南京师范大学硕士学位论文, 2013.

[19] 杨客, 张志毅, 董艳. 基于自适应八叉树分割点云的表面模型重建[J]. 计算机应用与软件, 2013, 30(6): 83-87.

# 第5章　基于深度学习和二维图像的多目标语义分割

## 5.1　引　　言

语义分割相较于目标分类、目标检测和目标识别，是一项更高层次的任务。它涉及针对复杂背景的多类型目标的像素级分类，可以帮助机器对完整场景进行有效分析和理解。语义分割作为计算机视觉领域的核心问题，广泛应用于遥感制图、自动驾驶、室内导航、机器人技术、增强现实、人机交互和城市规划等领域，其重要性逐步凸显。

近年来，随着激光扫描技术的飞速发展，快速、高效地同时捕获真实场景的二维图像、2.5 维深度图像以及三维点云数据已经成为现实。这些多类型海量数据可以更好地帮助机器感知和理解周围环境，同时也给如何快速、精确地进行语义分割带来了前所未有的挑战。随着 GPU 的发展、机器学习取得的突破性进展以及越来越多三维点云公开数据集的发布，深度神经网络模型开始逐步被研究者用于三维场景分割。这有效打破了传统的三维场景点云分割技术壁垒：①首先要进行数据预处理，滤除地面点，减少处理的数据量；②一次只能提取某一类三维目标；③地物目标特征需要手工提取，依赖研究者的领域知识；④处理的数据量受限，无法满足大数据需求；⑤处理速度慢，难以与 CUDA（compute unified device architecture）相结合。

对于大规模三维城市场景分割，最经典的基于深度卷积神经网络的模型主要用于二维图像，但只能对全局轮廓进行分割，而传统的精细特征提取方法大多直接在三维原始点云上进行，它可以提取局部特征，但计算量大。在采集数据时，可以方便地利用数码相机获取大范围的场景数据；与数码相机相比，激光扫描仪可以提供更广阔的视野，且对光照条件的变化不敏感，可以更方便地采集数据。

在二维图像与三维点云两种数据采集方式和两种分割方法的启发下，本章采用融合二维图像与三维点云的方法对复杂城市三维场景进行语义分割。借鉴深度学习在二维图像领域获得的经验，首先训练七个效果显著的语义分割模型，在不同的应用场景中比较它们的性能，评估其稳定性。在此基础上，为获得一个适应大规模三维场景及高分辨率图像的深度卷积神经网络，本章重新设计并微调了公开的 DeepLabV2-VGG16 模型（该模型在 ImageNet 数据集进行了预训练），以使其适应高分辨率的图像和大尺寸场景，并将其命名为 DVLSHR（DeepLabV2 based large scale and high resolution）模型。为确保 DVLSHR 模型的有效性，在模型的训练阶段和验证阶段使用四个基准三维数据集，分别为 PASCAL VOC 2012、sift-flow、CamVid 和 CityScapes。在测试阶段，首先通过 Nikon D700 数码相机和 Riegl VZ-400 激光扫描仪同步获取两个测试集，并将其输入 DVLSHR 模型得到基于二维图像的初步分割结果。然后，根据二维图像与三维点云之间的坐标对应关系利用直接线性变换方法将二维图像分割结果映射到三维点云，获得在三维点云上的目标粗分割。但是，并非所有的三维目标分割都达到了预期效果，如建筑物。由于训练集图片标注的局限性，仅标注了三维目标的外轮廓，对于建筑物，只标注了整个建筑物的最外边界，而对于局部结构，如窗户、阳台、门等均没有进行标注。对于该问题，本章基于模糊聚类与广义霍夫变换(fuzzy clustering-generalized Hough transformation, FC-GHT)的融合法对上一步得到的建筑物粗分割结果进行局部特征精细化提取。大量实验结果表明，本章提出的融合了二维图像和三维点云的分割方法能够准确地分割出三维场景的全局特征和局部特征，实验对比验证了该方法的可行性和有效性。

## 5.2　基于二维图像的语义分割

### 5.2.1　点云描述子

深度学习模型在二维图像领域发展相对成熟，而在三维形状上的研究还处于起步阶段，仅在最近几年取得了较好的发展。相比于三维点云，二维图像是一种结构化数据，可以使用二维矩阵形式表示。然而，三维点云是一种非结构化数据，不能按照二维图像的方式直接训练深度神经网络模型。如何进行三维形状特征表示是将深度学习应用到三维点云领域中亟须解决的问题。解决该问题，通常采用四大类方法：①在三维形状上首先以手工方式提取低级别特征，然后利用深度学习模型以自学习方式提取高级别特征；②首先采用降低维度的方法将三维点云数据投影到二维空间，然后利用深度学习模型按照二维图像方式提取特征；③首先以三维形状体素化方式结构化三维点云数据，然后构建三维深度学习模型提取特征；④首先摒弃适用于二维图像的深度学习模型，然后构建适用于原始三维数据特点的深度学习模型[1]。

第一类是传统的三维点云描述子，其主要根据三维目标形状表面或体积的几何属性“手工设计”，包括长度、宽度、高度、面积、反射强度、法向量和曲率等属性[2,3]。此类方法首先在三维形状以人工选择的方式获取低级特征，然后将已经提取的低级特征输入深度学习模型，使深度学习模型按照自学习的方式提取高级特征表示。此类方法的缺陷在于：其并未完全充分利用深度学习模型自学习的特性，依旧需要人工选择特征与参数调优。因此，严格来说该类方法并未充分发挥深度学习的优势，仍旧依赖研究者对人工特征的设计。

第二类是基于视图的描述子，其通过在二维投影集合中的“如何看”来描述三维对象的形状。文献[4]通过将三维目标的形状在参数特征空间进行匹配来识别物体，参数由三维模型在不同姿态和光照条件下的二维渲染图构成。文献[5]首先获得三维形状在 12 个不同视点下的投影图；文献[6]通过沿主轴方向进行圆柱投影将三维形状变换为多个全景图；文献[7]将三维形状参数化到球形表面；文献[8]在多视角与多尺度下获得三维形状的系列阴影图和深度图，借助卷积神经网络进行特征学习。这类方法的缺陷在于：①在变换过程中改变了三维形状的局部结构和整体结构，降低了特征的判别能力；②对三维形状数据进行二维投影会造成相当数量的结构信息丢失；③此类方法通常要求三维形状在竖直方向上进行对齐，增加了额外的工作量。

第三类是基于体素的表示方法。该类方法使用三维体素网格中的概率分布描述三维形状数据，从而把三维形状数据以二值或实值的三维张量方式表示出来。例如，文献[9]将几何三维形状表示为三维体素网格的二值概率分布；文献[10]则把三维体素的每一层抽取出来组合成一个二值图像；文献[11]将三维形状表示成体素场；文献[12]详细比较了基于三维几何表示的 CNN 与基于多视图表示的 CNN；文献[13]采用体素卷积网络和生成对抗式网络从概率空间中生成三维形状。这类方法采用三维体素可以完整保留三维形状信息，但同时存在一些其他问题：①为避免网络训练过于复杂，三维体素的分辨率不应过高，如 30×30×30，但也因此大大限制了所学习特征的判别能力；②三维形状表面存在体素占比不高的情况，致使体素化结果较为稀疏，深度神经网络训练过程中会出现相当多的冗余计算。

第四类方法直接使用原始点云[14,15]。这类方法为避免第二类方法和第三类方法的缺陷，依据三维形状数据的特性设计特有的神经网络输入层，使得神经网络模型能较好地适应三维形状数据散乱、无结构特性。例如，文献[16]构建了三维点云数据的近似多尺度邻域，可以加快数据处理速度，但是在这样的三维形状描述子之上构建分类器和其他监督机器学习算法存在很多挑战。首先，与二维图像数据集相对，标注的三维模型数据集非常有限，因为制作三维语义分割数据集成本高、难度大；其次，三维形状描述符(包括基于体素的表示方法)的维度通常非常高，很多深度神经网络模型难以承受这样的数据维度；最后，真实的点云都是海量数据，单站扫描就有数千万个非结构化点，计算负担重。其主要瓶颈是需要多次最近邻查询，大大减缓了点云数据处理的速度。文献[16]对整个点云进行下采样，生成一个多尺度金字塔，在每个尺度级别分别进行近邻域搜索，来代替每个点的精确邻域搜索。

通过以上分析可知，目前三维点云描述子与二维图像描述子相比面临诸多挑战。第一类方法需要更多的先验知识，第二类方法会损失或扭曲三维信息，第三类方法在数据预处理阶段具有较高的复杂度和计算量，第四类方法存在一个重要的技术瓶颈，即对大量点的邻域查询操作会大大降低处理速度。经典的二维图像模型无须将数据投影到三维空间，大大简化了数据预处理流程，而且有较多的开源、共享的数据集用于模型训练。因此，本章采用二维图像描述子，提出了新的大规模三维点云语义分割方法，在获取三维点云时同步获取二维图像，将二维图像输入微调好的模型得到初步的分割结果。

### 5.2.2　深度卷积神经网络

应用深层学习的图像语义分割通用框架主要包括三部分：①二维图像输入；②模型的前端利用卷积神经网络进行特征粗提取；③后端使用 MRF 或条件随机场对前端输出进行优化，得到分割结果，或者没有后期处理，直接得到分割结果。许多基于深层学习的城市复杂场景语义分割方法都采用这种框架，如 SegNet[17]、DeepLab[18,19]及 FCN[20]。其分别有几个不同的变体，如 TFCN-AlexNet、FCN-VGG16、FCN-GoogLeNet、SegNet-VGG16、Bayesian-SegNet-VGG16、DeepLab-VGG16 和 DeepLab-ResNet101。FCN 核心贡献是建立一个全卷积神经网络，可以接收任意尺寸的输入，产生相应尺寸的输出。SegNet 的创新之处在于解码器对其低分辨率输入特征图进行上采样。具体地说，译码器使用在对应编码器的最大池化步骤中计算的池化索引来执行非线性上采样。DeepLab 具有空洞卷积、空洞空间金字塔池化和 CRF 三大主要贡献。这三个经典的语义分割模型，只有 DeepLab 使用了条件随机场。

这三种最先进的方法采用的架构分别为 AlexNet[21]、VGG16[22]、GoogLeNet[23]和 ResNet[24]。目前，它们被用作许多分割架构的构建块，其中使用频率最高的是 VGG16，其由牛津大学的 VGG 构建，含有 16 个网络层。VGG16 和以往网络架构之间的主要区别在于，在前几个卷积层中使用较小的感受野来代替较大的感受野，使得训练参数减少以及激活函数非线性化，从而使决策函数更加有识别力，模型更易于训练。

通过在这些深度卷积神经网络架构上进行一系列训练、验证和测试发现，FCN 适合小分辨率的图像语义分割，通常为 256×256；SegNet 应用于室内场景分割或简单室外场景边界划分(如高速公路)时效果较好；DeepLab 更适合复杂室内场景和城市街景分割。

### 5.2.3　二维图像与三维点云之间的映射关系

通过深度学习算法可完成图像中目标的识别与提取，但提取的结果是二维像素坐标，难以直接应用。若建立图像到点云的映射关系，则可将提取的二维结果直接映射到三维点云空间，得到目标的三维空间数据。要完成二维图像空间到三维点云空间的映射，需要确定二维图像平面坐标系到三维点云空间坐标系的转换参数，包括相机相对于激光扫描仪的安置参数以及相机的内参数，即图像的外方位元素和内方位元素，考虑到图像畸变等问题，相机的内参数还应该包括相机镜头的畸变参数[25,26]。国内外已有诸多学者对该问题进行了研究，常用的方法有：

1)图像转换法

二维图像之间可通过图像配准建立映射关系，因此一种处理方法是首先将点云转换为二维距离图像或者二维强度图像，进而通过点云得到的图像与相机获取的图像通过匹配建立映射关系。

2)点云转换法

三维空间点云之间可通过公共目标点或者迭代最近点(iterative closest point, ICP)等算法确定转换关系，从而建立对应关系。首先将立体影像通过匹配和交会生成三维点云，或者由多种图像通过 SFM(structure from motion)、密集匹配以及三维重建得到密集点云，进而通过点云间的拼接算法完成映射关系的建立。

3)直接求解法

采用最多的方法——直接求解法是通过多个公共目标在二维图像中的像点坐标以及在三维空间中的三维点坐标形成的公共点对进行相机内外方位元素的求解，如角锥体解法[27]、共线条件方程直接平差法[28]、罗德里格矩阵法[29]、直接线性变换(direct linear transformation, DLT)法[30]等。其中，角锥体解法、共线条件方程直接平差法主要用于航空摄影中的单像外方位元素的求解，求解时需要假定像平面与物方坐标系的 *XOY* 面平行，或者给定一定精度的初值，通过迭代精化参数，因此均不适合本书的应用场景；罗德里格矩阵法通过 lodrigo 矩阵来表示角度转换关系，该方法需要初值，且计算模型不严密；直接线性变换法根据共线条件建立共线方程，不采用微分求导的方法，而是通过线性变换实现方程的线性化，因此不需要初值，直接得到参数，适合图像与点云间的参数标定。

本章基于直接线性变换法对相机外方位元素进行求解，最后实现相机多视角影像与对应扫描点云的整体映射。

### 5.2.4 精细特征提取方法

在以往建筑物精细特征提取方法中，模型匹配是一种经典方法，需要大量的先验知识。降低维度法将整个三维点云投影到二维空间，用二维图像处理的方法提取特征，导致大量空间信息丢失。另外，聚类分割法和统计分析法也得到了广泛应用，但由于需要迭代计算，处理速度很慢。为提高处理速度、增强自动化程度，本节采用融合模糊聚类和广义霍夫变换(generalized Hough transformation, GHT)的混合算法对建筑物立面进行精细化分割。

## 5.3 研 究 方 法

本章基于深度学习解决复杂三维场景语义分割问题，主要流程如下：①利用公开的二维数据集训练深度模型，将二维测试集输入模型得到初步分割结果；②根据同步获取的二维图像与三维点云之间的坐标关系将初步分割结果从二维图像映射到三维点云，得到中间结果；③直接基于三维点云对已知中间结果中的建筑物进一步提取精细特征，完成整个大规模复杂场景的语义分割。语义分割流程图如图 5.1 所示。

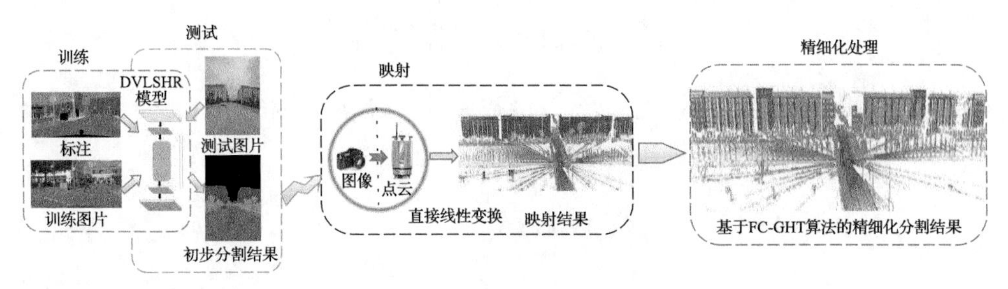


图 5.1　语义分割流程图

### 5.3.1　DVLSHR 模型构建

根据 5.2.1 节所述，现有的基于深度学习的三维目标特征表述算子大概分为四大类，其中，基于二维投影图的特征描述子具有相对维度较低与评价效率较高等优势，可以借鉴现有的基于二维图像且性能卓越的神经网络架构，并且利用大量公开的语义分割数据集对深度神经网络模型进行预训练，因此基于二维图像的深度学习模型广泛应用于多个领域，但是投影改变了三维形状的局部结构和全局结构，使得特征鉴别能力下降。受其思想启发，在基于三维点云进行目标分割时，无须将三维点云投影到二维空间，而是在数据采集时同步获取三维场景的影像数据，使用二维图像的特征描述方法，将二维图像输入 CNN 进行特征学习。

卷积学习模型由于其优越的特征表达能力在很多领域得到了广泛应用，在语义分割领域崭露头角，而在测绘领域的应用才刚刚起步。在此，本章详细介绍如何重新利用、微调公开可用的 DeepLabV2-VGG16 模型(已在 ImageNet 数据集预训练)，使其适应大规模室外场景的高分辨率图像语义分割。

1. 损失函数与优化方法

在模型训练时采用交叉熵损失函数。因为交叉熵损失函数是凸函数，采用标准的随机梯度下降(stochastic gradient descent, SGD)法作为求解的优化方法。假设输入数据由单一样本和多个类别组成$(\boldsymbol{x}, \boldsymbol{z})$，其中$\boldsymbol{x}$为输入样本的特征向量，$\boldsymbol{z}$为其对应的标注。将向量$\boldsymbol{z}$表示为$n$维列向量$\boldsymbol{y}=(y_1,\cdots,y_k,\cdots,y_n)^{\mathrm{T}}$，其中$n$表示类别的个数，则$\boldsymbol{x}$中像素$i$归属于每一类的概率为

$$\begin{cases} P(\boldsymbol{y}=y_1 \mid \boldsymbol{x},\boldsymbol{w}) = g_w(x^{(i)})_1 \\ \quad\vdots \\ P(\boldsymbol{y}=y_k \mid \boldsymbol{x},\boldsymbol{w}) = g_w(x^{(i)})_k \\ \quad\vdots \\ P(\boldsymbol{y}=y_n \mid \boldsymbol{x},\boldsymbol{w}) = g_w(x^{(i)})_n \end{cases} \tag{5.1}$$

式中，$g_w(x^{(i)})_1+\cdots+g_w(x^{(i)})_k+\cdots+g_w(x^{(i)})_n=1$。在神经网络中转换时产生的输入样本的误差包括损失项和正则项。损失函数定义为

$$\begin{aligned} J(\boldsymbol{w}) &= -\sum_k L(m_k(\boldsymbol{w})) + \lambda R(\boldsymbol{w}) \\ &= -\sum_{k=1}^{n}[y_k \ln g_w(x)_k + (1-y_k)\ln(1-g_w(x)_k)] + \lambda\|w\|^2 \end{aligned} \tag{5.2}$$

下面推导具有$n$个输入样本的损失函数：

$$J(w) = -\frac{1}{m}\sum_{i=1}^{m}\sum_{k=1}^{n}\left\{ {y_k}^{(i)} \ln g_w(x^{(i)})_k + (1-{y_k}^{(i)})\left[\ln(1-g_w(x^{(i)})_k)\right]\right\} + \lambda\|\boldsymbol{w}\|^2 \tag{5.3}$$

式中，$g_w(x^{(i)}) = \dfrac{1}{1+\mathrm{e}^{-f_w(x^{(i)})}}, f_w(x^{(i)}) = \boldsymbol{w}^{\mathrm{T}}(x^i), \boldsymbol{w} = \boldsymbol{w}_0 + \boldsymbol{w}_1 + \boldsymbol{w}_2 + \cdots + \boldsymbol{w}_n, \boldsymbol{w}_0 = \boldsymbol{b}$。除此之外，有

$$\|\boldsymbol{w}\|^2 = \frac{1}{2m}\sum_{l=1}^{L-1}\sum_{i=1}^{S_l}\sum_{j=1}^{S_{L+1}}({\theta_j}^{(l)})^2 \tag{5.4}$$

式中，$L$表示神经网络的层数；$S_l$表示第$l$层神经单元的个数。损失函数解决了梯度更新慢的问题。

神经网络系统使用正向传播求解当前参数的损失，然后反向回传误差，采用SGD算法迭代修正每层的权值。SGD算法第一步是随机初始化每一个参数，通过随机初始化参数计算得到每一个神经元的输入输出值和损失函数，第二步是求损失函数对各个参数的偏导数：

$$\frac{\partial J(\boldsymbol{w})}{\partial w_{i,j}^{(l)}}=\frac{1}{m}\sum_{i=1}^{m}\alpha_j^{(i)(l)}\delta_j^{(i)(l+1)} \tag{5.5}$$

式中，$\delta_j^{(l)}$ 表示 $l$ 层节点 $j$ 的误差。在有限迭代次数内使用梯度下降法计算最优参数。梯度下降法的伪代码表示如下：

重复执行直至收敛{

$$\boldsymbol{\delta}=\alpha\frac{\partial J(\boldsymbol{w})}{\partial \boldsymbol{w}}$$

$$\boldsymbol{w}=\boldsymbol{w}-\boldsymbol{\delta}$$

}

式中，$\alpha$ 表示更新率；$\boldsymbol{w}$ 表示在负梯度方向上更新。

2. 下采样

CityScapes 数据集中初始图片分辨率为 2048×1024，如此高分辨率的图像使得有限的 GPU 资源面临巨大挑战。为了解决这个问题，首先对图像进行下采样，包括原始图像和标注图像，然后将它们向上采样到原来的分辨率，以模拟得到特定的下采样因子的最佳结果。在实验中，分别用因子“2”和“4”对图像进行下采样。如何选择合适的下采样因子将在 5.4.3 节讨论。

3. batch_size 对交叉熵损失和准确度的影响

假设 $P_{\text{correct}}$ 是单个样本准确分类的概率，则该样本的交叉熵损失为 $\text{loss}=-\ln P_{\text{correct}}$。当 batch_size=$m$ 时，整个批次的交叉熵损失为

$$\text{loss}=\frac{1}{m}\sum_{i=1}^{m}(-\ln P_{\text{correct}}^{(i)}) \tag{5.6}$$

把 $-\ln P_{\text{correct}}^{(i)}$ 看作一个随机变量 $C_i$，当 $m\to\infty$ 时，有

$$\text{loss}=E(C)=E(-\ln P_{\text{correct}}) \tag{5.7}$$

$P_{\text{correct}}$ 对单个样本来说是被正确分类的概率，对一个批量来说则是准确率 accuracy。

当一个批量中包含无穷多个样本时，有

$$\text{loss}=E(-\ln \text{accuracy}) \tag{5.8}$$

即当 $\text{batch\_size}\to\infty$ 时，有

$$\text{accuracy}\approx \mathrm{e}^{-\text{loss}} \tag{5.9}$$

也就是说，用基于批量的交叉熵损失（batch-based cross-entropy loss）训练机器学习算法时，根据 loss 可大致计算出 accuracy，并且 loss 随 batch_size 增大而减小。当 batch_size = 100 时，$e^{-\text{loss}}$ 与 accuracy 之间已经很接近了，误差通常小于 0.01。

### 5.3.2 二维图像到三维点云的映射

1. 单像外方位元素标定

外架数码相机相对于三维激光扫描仪的安置参数即为数码相机相对于激光扫描仪坐标系的外方位元素。根据共线条件，并考虑相机内部参数，建立像方控制点坐标、物方控制点坐标、相机内参数、外方位元素间的关系式：

$$\begin{cases} x - x_0 + \Delta x + f\dfrac{a_1(X-X_S)+b_1(Y-Y_S)+c_1(Z-Z_S)}{a_3(X-X_S)+b_3(Y-Y_S)+c_3(Z-Z_S)} = 0 \\ y - y_0 + \Delta y + f\dfrac{a_2(X-X_S)+b_2(Y-Y_S)+c_2(Z-Z_S)}{a_3(X-X_S)+b_3(Y-Y_S)+c_3(Z-Z_S)} = 0 \end{cases} \tag{5.10}$$

式中，$(x,y)$ 表示控制点在影像物理坐标系上的二维坐标；$(X,Y,Z)$ 表示该控制点在三维激光扫描仪坐标系下的坐标；$(x_0,y_0)$ 表示像主点坐标；$f$ 表示焦距；$(\Delta x,\Delta y)$ 表示由七个畸变改正参数构成的畸变改正量；$(X_S,Y_S,Z_S)$ 表示外方位线元素；$\{a_j,b_j,c_j\}$ $(j\in\{1,2,3\})$ 表示将外方位角元素转换到坐标旋转矩阵时所对应的 9 个方向余弦。另外，采用视频同步三角测距和后方交会系统（video-simultaneous triangulation and resection system，V-STARS）在实验前已经对相机进行了标定，因此 $(x_0,y_0,f,\Delta x,\Delta y)$ 已知。

将得到像方控制点坐标、物方控制点坐标作为输入值，利用 DLT 法[1]即可求解相机初始拍摄角度对应的外方位元素。

2. 多像外方位元素标定

当三维激光扫描仪在同一个测站工作时，其仪器坐标系保持不变，但相机会随着设备进行转动，因此每幅图像的外方位元素均不同。若每幅图像都采用上述方法进行标定，则在实际运用中是难以实施的。由于外架相机固定在三维激光扫描仪上，仅围绕三维激光扫描仪 $Z$ 轴以 $\xi$ 角度旋转，提出的策略仅在三维激光扫描仪的水平初始位置进行一次标定，其他位置图像的外方位元素通过旋转角度以及初始位置的外方位元素计算得到。

设相机随三维激光扫描仪旋转拍摄影像的幅数为 $n$，则相邻两幅影像沿三维激光扫描仪坐标系 $Z$ 轴的旋转角 $\xi = 360°/n$。设在初始位置的影像物理坐标系上一点 $P$ 的坐标为 $(x,y)$，在像空间坐标系下的坐标为 $(x,y,-f)^{\mathrm{T}}$，其对应的物方控

制点在三维激光扫描仪坐标系下的坐标为$(X_1,Y_1,Z_1)^{\mathrm{T}}$，则有

$$\begin{bmatrix} X_1 \\ Y_1 \\ Z_1 \end{bmatrix} = \begin{bmatrix} a_1 & a_2 & a_3 \\ b_2 & b_2 & b_3 \\ c_1 & c_2 & c_3 \end{bmatrix} \begin{bmatrix} x \\ y \\ -f \end{bmatrix} + \begin{bmatrix} X_S \\ Y_S \\ Z_S \end{bmatrix} = \boldsymbol{R}_1 \begin{bmatrix} x \\ y \\ -f \end{bmatrix} + \boldsymbol{T}_1 \tag{5.11}$$

第 $i$ 幅影像对应位置的像点在三维激光扫描仪坐标系下的坐标$(X_i,Y_i,Z_i)^{\mathrm{T}}$，是通过第 1 幅影像围绕三维激光扫描仪坐标系的 $Z$ 轴旋转角度$(i-1)\xi$ 得到的。

$$\begin{bmatrix} X_i \\ Y_i \\ Z_i \end{bmatrix} = \begin{bmatrix} \cos[(i-1)\xi] & -\sin[(i-1)\xi] & 0 \\ \sin[(i-1)\xi] & \cos[(i-1)\xi] & 0 \\ 0 & 0 & 1 \end{bmatrix} \begin{bmatrix} X_1 \\ Y_1 \\ Z_1 \end{bmatrix} = \boldsymbol{R}_{1,i}\boldsymbol{R} \begin{bmatrix} x \\ y \\ -f \end{bmatrix} + \boldsymbol{R}_{1,i}\boldsymbol{T} = \boldsymbol{R}_i \begin{bmatrix} x \\ y \\ -f \end{bmatrix} + \boldsymbol{T}_i \tag{5.12}$$

式中，$\boldsymbol{R}_i$ 和 $\boldsymbol{T}_i$ 分别表示第 $i$ 幅影像的外方位元素导出的旋转矩阵与平移向量。

根据 DCNN 对图像进行分割，得到像素坐标系下各个像素点对应的标签，根据像素坐标系与影像物理坐标系的关系，如式(5.13)所示，可将$(u,v)$转换为$(x,y)$，根据式(5.12)可得到对应的点坐标，进而得到三维点云的初步分割结果。

$$\begin{bmatrix} u \\ v \\ 1 \end{bmatrix} = \begin{bmatrix} \dfrac{-1}{\Delta y} & 0 & u_0 \\ 0 & \dfrac{-1}{\Delta x} & v_0 \\ 0 & 0 & 1 \end{bmatrix} \begin{bmatrix} y \\ x \\ 1 \end{bmatrix} \tag{5.13}$$

### 5.3.3　三维建筑点云的精细分割

映射到三维点云之后的分割结果基本分割出道路、建筑物、树木、交通灯、车辆、行人等三维场景中的 19 类目标。对于建筑物，仅分割出最外边界信息还远远不够，看不出其丰富的外部结构信息，因此需要基于映射后的分割结果对建筑物点云进行精细化处理。

近些年来，已有大量关于建筑物立面语义分割的研究。建筑物立面语义分割方法大致可分为三大类：①模型匹配法[31,32]，首先根据地物的空间拓扑关系、几何属性建立丰富的建筑物立面语义库，然后根据建立的语义规则对待分割区域进行逐次判断，提取建筑物立面特征。②降低维度法[33-36]，将整个三维点云投影到二维空间，采用二维图像的处理方式提取特征，减少了数据量，降低了数据处理难度，但同时丢失了大量的空间信息，难以自动、快速、精确地识别出建筑物的

各个立面。若点云存在缺失，则立面提取的效果更差。③统计分析法，细分为聚类方法[37-41]、RANSAC[42,43]、区域增长法[44]和三维霍夫变换法[45-47]。其中，聚类方法自动化程度较高，方法简单，但只能实现建筑物立面的粗分类，无法将边界点、共面点精确归属到相应立面；RANSAC受随机点的选择规则、选择的阈值影响较大，容易产生参数平面过分割、共面点归属误判以及出现伪平面等问题；区域增长法受起始的种子点位置影响较大，通常用于初步的语义分割，精细化处理阶段需与其他方法混合使用；三维霍夫变换法需要将整个区域点云从图像空间转换到参数空间进行处理，耗时较长，而且随着点云数据量的增加，处理速度呈指数级下降。因此，基于三维激光点云的建筑物立面语义分割的自动快速提取具有重要的研究意义。

针对建筑物平面过度分割、共面点归属误判以及需人工辅助、自动化程度低等问题，结合三维激光点云的离散、高密度、海量等特性，吸取以上方法的优点，本章提出一种新的基于三维激光点云的建筑物立面语义分割方法。

图5.2为基于三维点云的建筑物立面语义分割方法流程图。首先，建立Kd-OcTree混合索引对三维点云进行组织，提高建筑物立面分割的速度；每块点云分别采用PCA计算法向矢量，完成数据预处理。然后，根据建筑物相同立面中点的拓扑关系以及空间关系进行模糊聚类，生成多个立面点簇，初步提取建筑物立面。

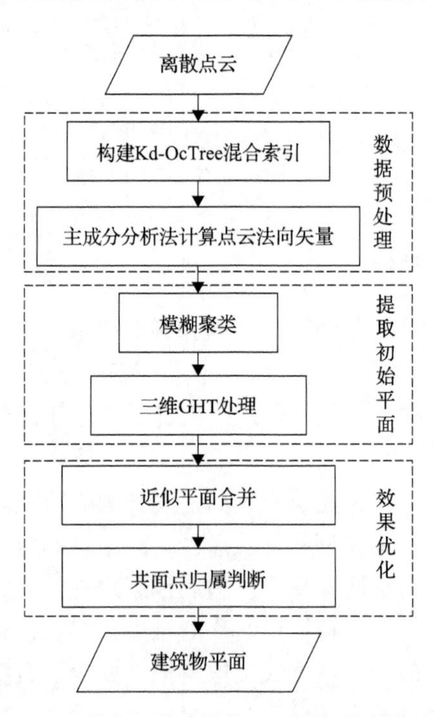


图5.2　基于三维点云的建筑物立面语义分割方法流程图

对于各个立面点簇，基于法向矢量分别进行 GHT 处理，并进行峰值探测，检测建筑物立面特征。该方式有效避免了直接利用三维坐标在霍夫变换累加器空间进行峰值检测出现的多个峰值点、误判等现象。最后，进行平面分割效果的优化，包括近似面片合并和共面点归属判断。

1. 数据预处理

数据预处理包括构建二级索引和计算点云法向矢量两个操作。首先，根据第 3 章的方法构建 Kd-OcTree 混合索引。该索引结构在构造 KD 树时根据分割维度重构了点云之间的邻域关系，避免了树结构倾斜，从根本上解决了邻域搜索速度慢的问题，确保建筑物立面的快速提取。

在 Kd-OcTree 混合索引的基础上，首先计算点云的法向矢量，并根据计算得到的法向矢量进行模糊聚类。为了快速、有效地计算法向矢量信息，依据文献[48]和[49]中点云法向矢量估算方法，本章设定点云距离阈值处理点集预采样；然后对待定点进行 K 近邻(K-nearest neighbors, KNN)邻域搜索，利用待定点及其邻近点应用主成分分析法计算待定点法向矢量初值；接着根据每个点的法向 $\boldsymbol{n}=(n_x,n_y,n_z)$ 与激光的入射方向 $\boldsymbol{r}=(x,y,z)$ 必定满足 $\boldsymbol{n}\cdot\boldsymbol{r}<0$ 的约束条件，调整法向矢量指向，得到最终法向矢量。

2. 初始平面分割

1)模糊聚类

为了快速、有效地将各个立面分割为相互独立的语义信息，在进行建筑物立面精确分割之前，利用法向矢量夹角与欧氏距离相结合的聚类方法对建筑立面进行粗分割。对于边界点的分割，除了利用点与点之间的距离信息，还利用了点的法向矢量信息，基本上把距离上邻近但属于两个不同立面的点分割到不同立面，该方法比传统的欧氏距离聚类方法的效果更加精准。聚类方法的核心为聚类约束条件的设置，在进行聚类时，要先搜索种子点，以种子点为中心，设置邻域搜索半径，进行邻域搜索，计算搜索到的邻近点与种子点的法向矢量夹角余弦以及距离，若邻近点与种子点的法向矢量夹角余弦大于角度阈值且邻近点与种子点的距离小于距离阈值，则进行聚类，该邻近点归属于当前种子点点簇，直到把局部八叉树叶子节点中所有的点遍历一遍，聚类完成，初步提取多个平面点簇。

该方法根据Kd-OcTree混合索引结构对每个局部八叉树叶子节点中的点云分别进行聚类，即根据分块策略把整个点云划分为多个数据块，均匀地分到每个数据块中，通过该方式减少了单次处理的数据量，提高了数据处理的速度。另外，根据设置的聚类约束条件，聚在同一个点簇中的点已初步归属到正确的面片，有效避免了分割不足的现象。聚类约束条件设置得苛刻，虽避免了分割不足的现象，但同时会造成平面的过度分割，形成多个小的面片点簇，后期需对其进行面片合并。

阈值大小对立面提取效果有重要影响，因此本方法需要人为设置四个阈值：全局 KD 树叶子节点中包含的点数阈值、邻接点点数阈值、角度阈值以及距离阈值。其中，角度阈值和距离阈值同样应用在 GHT 处理和面片合并中。5.3 节实验部分将分析两者对立面分割效果的影响。在此，主要探讨如何确定前两个阈值的大小。

**全局 KD 树叶子节点点数阈值**：在构建全局 KD 树索引结构时，需首先设置全局 KD 树叶子节点点数阈值 Z_KdBlockPtsThreshold。若当前节点点数小于 Z_KdBlockPtsThreshold，则表明已分割到叶子节点。具体的构造过程在第 3 章进行了详细介绍。以实验室某一墙角点云为实验数据(包含 75461 个点)，全局 KD 树叶子节点点数阈值 Z_KdBlockPtsThreshold=10000，当某个节点点数 nBlockPts ＜Z_KdBlockPtsThreshold 时，达到叶子节点，不再分解，构建的全局 KD 树结构如图 5.3 所示。分割结果显示，处于同一层的节点包含的点数非常接近，从整体上确保构造的 Kd-OcTree 混合索引是一棵平衡树，有效避免了向一边倾斜的情况，基于该索引进行邻域搜索时可提高检索速度。对于该实验室墙角点云，基于 Kd-OcTree 混合索引进行初步聚类所用时间为 26.184s，基于均匀八叉树进行初步聚类所用时间为 34.295s，速度提高了 23.65%。

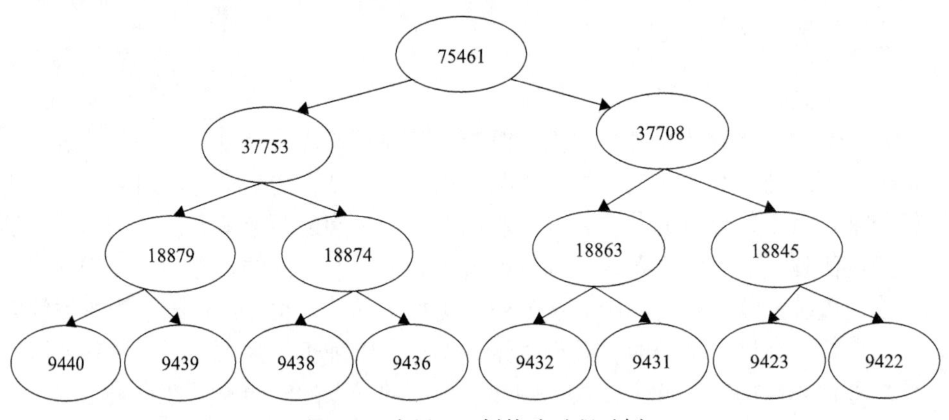


图 5.3　全局 KD 树构造过程示例

阈值 Z_KdBlockPtsThreshold 的大小与待处理点云包含的点数紧密相关，通常情况下，随着待处理点云中包含的点数的增加，Z_KdBlockPtsThreshold 也随之增加。对于同一点云，Z_KdBlockPtsThreshold 值越小，构造的全局 KD 树中包含的叶子节点数越多，初步聚类生成的点簇个数也随之增多。仍以实验室某一墙角点云数据为例，当 Z_KdBlockPtsThreshold=10000 时，聚类得到的点簇个数为 991 个；当 Z_KdBlockPtsThreshold=8000 时，生成的点簇个数增加到 1009 个。图 5.4 展示了当 Z_KdBlockPtsThreshold=10000 时，从顶、底、左、右、前、后六个视角观测到的实验室某一墙角点云的聚类效果，同一平面上的点被聚成了多个点簇，共 991 个。图 5.5 展示了当 Z_KdBlockPtsThreshold=8000 时，同一点云的聚类效果。

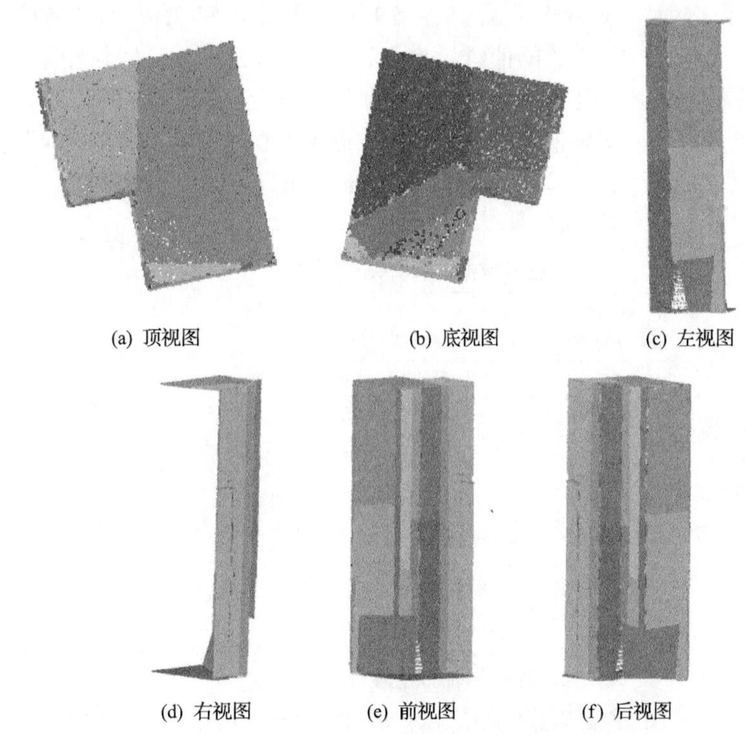

(a) 顶视图　(b) 底视图　(c) 左视图

(d) 右视图　(e) 前视图　(f) 后视图

图 5.4　基于 Kd-OcTree 混合索引的初步聚类效果(阈值 Z_KdBlockPtsThreshold=10000)

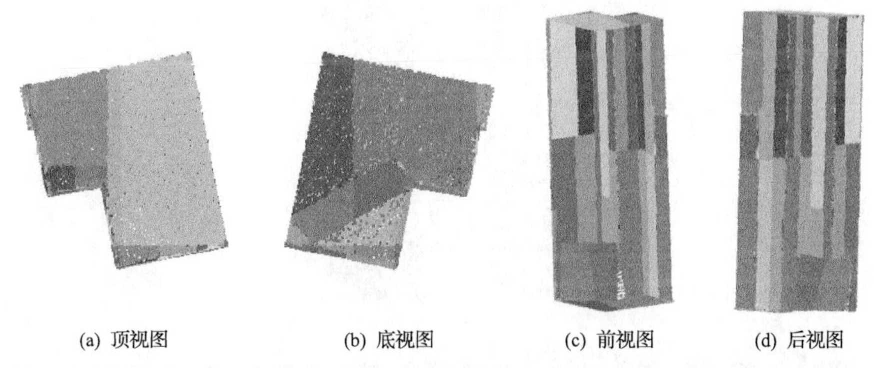

(a) 顶视图　(b) 底视图　(c) 前视图　(d) 后视图

图 5.5　基于 Kd-OcTree 混合索引的初步聚类效果(阈值 Z_KdBlockPtsThreshold=8000)

**邻近点点数阈值**：邻域搜索是模糊聚类方法中的一个重要环节，需设置邻域搜索半径 SearchRadius 和邻近点点数阈值 NearPointThreshold 两个参数。关于邻域搜索半径 SearchRadius，本章提出的方法以及实验对比中涉及的方法均设置 SearchRadius=0.02。因此，在此只分析阈值 NearPointThreshold 对聚类效果的影响。

NearPointThreshold 越大，生成的点簇个数越少，但进行邻域搜索的次数增加，因此耗费的时间也就越长，具体实验结果如图 5.6 所示。当阈值 NearPointThreshold 由 10 增大为 20 时，点簇个数减少到 429 个，降低了 56.7%，而邻域搜索时间由 0.575s 增加到 1.191s。随着阈值继续增大，从 20 到 30、40，点簇个数变化很小，如图 5.6 中实线所示。当阈值增大到 100 时，又存在分割不足的现象，但邻域搜索时间大幅度提高；当阈值 NearPointThreshold=100 时，初步聚类效果如图 5.7 所示。根据以上实验结果，本章设置阈值 NearPointThreshold=20。

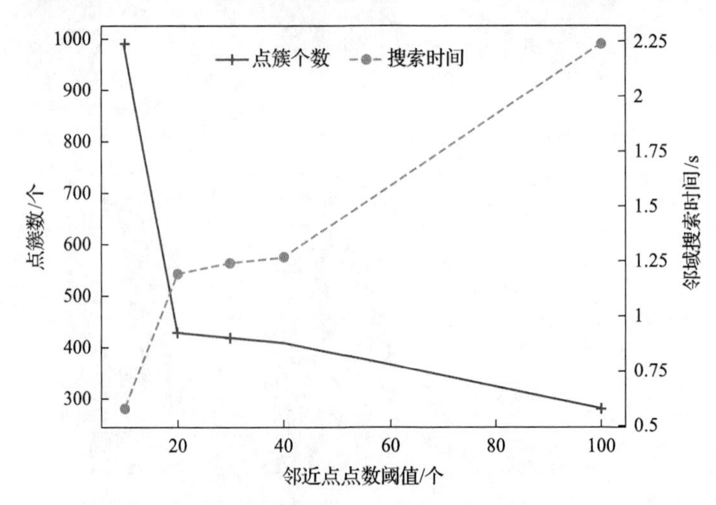


图 5.6　邻近点点数阈值 NearPointThreshold 对聚类效果的影响

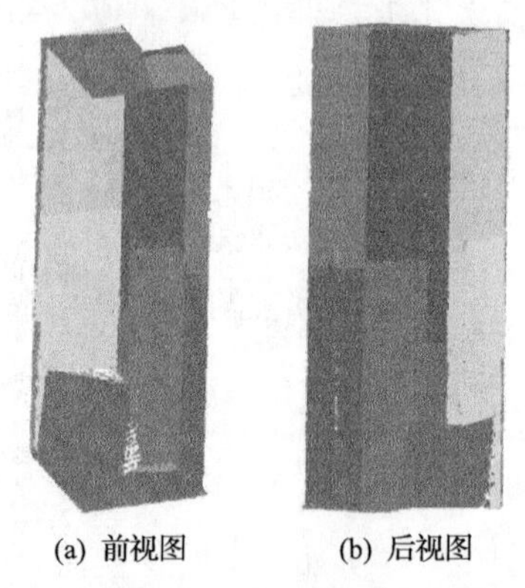

(a) 前视图　　(b) 后视图

图 5.7　基于 Kd-OcTree 混合索引的初步聚类效果（阈值 NearPointThreshold=100）

2）FC-GHT 法

霍夫变换法包括三类：标准霍夫变换（standard Hough transformation, SHT）、随机霍夫变换（random Hough transformation, RHT）和 GHT。SHT 法[50,51]存在计算量大、内存占用大等问题，不适合海量点云数据处理。RHT[52]在多个像素中随机抽取一个像素作为采样信息映射到参数空间，虽避免了较大计算量与较多的内存开销，但随机获取采样点造成了大量的无效点累积，降低了算法的效率。GHT[53]按照一定规则抽取图形中多个像素点，将选取的像素点映射到参数空间对其进行投票表决，目前多用于二维空间图像对直线、圆弧等进行特征提取。本章吸取 RHT 和 GHT 的优点，根据点数及点密度，在图像空间设置采样间隔，对点云进行预采样。该方法在减少计算量、降低内存开销的同时，避免了大量无效点累积，提高了算法效率。本章将先构建索引结构，再计算点云法向矢量，最后将模糊聚类与 GHT 相混合的建筑物立面特征提取算法命名为 FC-GHT。

**FC-GHT 空间平面坐标与极坐标的相互转换：**在空间笛卡儿坐标系中，用数学函数来表示平面特征，平面的一般方程为

$$ax+by+cz+d=0 \tag{5.14}$$

式中，$(a,b,c)$ 表示平面的单位法向量，且满足 $a^2+b^2+c^2=1$。任取平面上一点 $M_0(x_0, y_0, z_0)$，对于分块点云，$M_0$ 可以是点簇的中心点，还可以是新的坐标系原点，则有

$$ax_0+by_0+cz_0+d=0 \tag{5.15}$$

将式(5.14)和式(5.15)相减，得

$$a(x-x_0)+b(y-y_0)+c(z-z_0)=0 \tag{5.16}$$

易见，式(5.16)就是过点 $M_0$ 且以 $\boldsymbol{n}=(a,b,c)$ 为单位法向量的平面方程。若每个点的单位法向量用 $\boldsymbol{n}=(n_x,n_y,n_z)$ 表示，则式(5.16)转换为

$$n_x(x-x_0)+n_y(y-y_0)+n_z(z-z_0)=0 \tag{5.17}$$

则平面的一般方程中的平面参数 $(a,b,c,d)$ 与点法向矢量方程中的平面参数 $(n_x,n_y,n_z)$ 的对应关系为

$$\begin{cases} a=n_x \\ b=n_y \\ c=n_z \\ d=-(n_x x_0+n_y y_0+n_z z_0) \end{cases} \tag{5.18}$$

要唯一确定 $(a,b,c,d)$，法向量的正方向还需规定，通过调整整个点云的法向矢量来完成法向量正方向的调整。通过对整个点集法向矢量的调整，确保在两个不同点集中各个平面的法向量之间的相对关系保持不变。一个向量可以唯一表示一个平面 $(a,b,c,d)$。

本章提出的算法基于点云法向量，因此在空间笛卡儿坐标系中采用的平面方

程为式(5.17)。但要唯一确定某一平面，必须明确 $n_x$、$n_y$、$n_z$ 三个参数，但是这三个参数的取值范围不确定，在此情况下，若直接以此进行霍夫投票，则投票空间的划分、投票范围的限制以及投票间隔的确定均无法完成。因此，三维霍夫变换将每个点的法向转换为以角度 $\theta$、$\varphi$ 和距离 $\rho$ 表示的形式，得到空间极坐标系下平面的特征方程：

$$\rho = x\cos\theta\cos\varphi + y\sin\theta\cos\varphi + z\sin\varphi \tag{5.19}$$

式中，参数 $(\theta,\varphi,\rho)$ 分别表示平面的法向量 $\boldsymbol{n}$ 在 $xoy$ 平面的投影与 $x$ 轴的夹角、法向量 $\boldsymbol{n}$ 与 $xoy$ 平面投影的夹角以及原点 $o$ 到平面的距离，如图 5.8 所示。

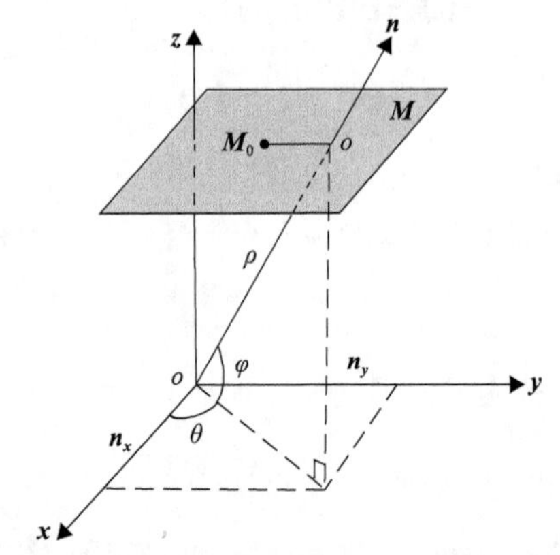


图 5.8　三维空间点云平面坐标与极坐标转换

将每个点的单位法向量 $\boldsymbol{n}=(n_x,n_y,n_z)$ 转换为以角度 $\theta$、$\varphi$ 和距离 $\rho$ 表示的形式：

$$\begin{cases} \theta = \arctan(n_y / n_x), & \theta \in \left[0^\circ, 360^\circ\right] \\ \varphi = \arcsin(n_z), & \varphi \in \left[-90^\circ, 90^\circ\right] \\ \rho = d \end{cases} \tag{5.20}$$

由此，对图像空间中直线 $ax+by+cz+d=0$ 的检测问题就成功转换成了在参数空间对点 $(\rho,\theta,\varphi)$ 的检测问题。通过投票机制，对参数空间的峰值点进行筛选。

**FC-GHT 投票**：首先，进行投票空间的划分。设置 $\rho$、$\theta$、$\varphi$ 的分段宽度分别为 Width、Theta、Phi，则参数空间中 $\rho$、$\theta$、$\varphi$ 的取值范围被均匀划分为 $D=(d_{\max}-d_{\min})$/Width、$T$=360/Theta、$P$=180/Phi，其中 $d_{\max}$、$d_{\min}$ 分别表示点集中的点到平面距离的最大值、最小值。然后，建立包含 $D\times T\times P$ 个数组元素的三维累加数组 Vote($\rho$, $\theta$, $\varphi$)，数组元素的值全部初始化为 0。接着，利用式(5.20)对点簇

中各点变换得到的$\rho$、$\theta$、$\varphi$进行投票。设置最小票数阈值VoteThreshold，进行局部峰值探测。若某个投票区域的 $\text{Vote}(\rho_i, \theta_j, \varphi_k) > \text{VoteThreshold}$，$i\in[1,D]$，$j\in[1,T]$，$k\in[1,P]$，则 $\text{Vote}(\rho_i, \theta_j, \varphi_k)$加1。将探测到的峰值点反向映射到图像空间，得到初始的平面参数$a$、$b$、$c$、$d$。假设两个平面分别为plane1、plane2，若$\mathbf{NV_plane1}\cdot\mathbf{NV_plane2} > \text{AngleThreshold}\ \&\&\ \left|\text{Dist}_{\text{plane1}} - \text{Dist}_{\text{plane2}}\right| < \text{Width}$，则将两平面合并，使得提取的平面具有更好的平面度。

图5.9展示了FC-GHT处理之后的目标分割效果，点簇个数变为24个。从平面提取效果可以看出，该方法在一定程度上避免了小点簇的产生。通过模糊聚类得到初始点簇，在此基础上，通过两种方式提高数据处理速度：①设置采样规则，减少处理的数据量；②对每个点簇分别进行GHT处理，并进行局部峰值探测。另外，在进行GHT处理时，同时考虑了待处理平面的法向矢量角度与两平面的距离差值，使得合并之后重新拟合的平面具有更好的平面度，确保提取平面的精度。

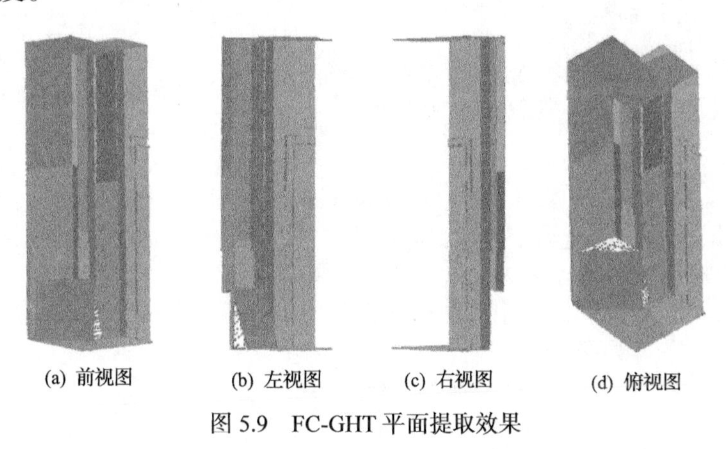

(a) 前视图　(b) 左视图　(c) 右视图　(d) 俯视图

图5.9　FC-GHT平面提取效果

### 3. 平面分割效果优化

1)面片合并

初次聚类和FC-GHT处理均是在全局KD树叶子节点中进行的，受全局KD树叶子节点点数阈值、初次聚类时角度阈值及距离阈值的影响，有可能造成原本属于同一平面的点被划分到不同的叶子节点中，或者聚类到多个不同的点簇中。当基于各个点簇分别进行FC-GHT提取平面时，会造成平面过度分割现象，此时需要将相同面片进行合并，然后将重复面片删除。

面片合并的具体步骤如下：

(1)计算点与平面的法向矢量夹角余弦NormalAngle及点到平面的距离DistPtPlane。

(2)若 NormalAngle 和 DistPtPlane 同时满足给定阈值，则归属到当前平面的点数 numPt_plane 增加 1。

(3)当 numPt_plane 大于平面点数阈值时，使用稳健特征值法[54]重新拟合平面，并用新的平面参数替换原来的平面参数。

(4)判断新拟合的平面是否与之前的平面重复,若存在重复平面,则将其删除。

(5)循环以上四步，直到所有的初始平面处理完毕，得到最终平面，具体算法描述如表 5.1 所示。本节设置角度阈值 AngleThreshold=6，距离阈值 DistThreshold=0.015。

**表 5.1 面片合并算法描述**

输入：初始平面参数
输出：面片合并之后的平面参数
1. 初始化：
    AngleThreshold = cos(6 * PI/180)
    DistThreshold = 0.015
    PointThreshold = 300
2. for ($i$=0; $i$<Num_plane; $i$++)
  { 对于每一个初始平面，依次判断有多少点属于该平面
    将每个平面中包含的点个数 numPt_plane 初始化为 0
    for ($j$=0; $j$<TotalPts; $j$++)
    { 计算点的法向量和平面法向量
        **NV_CurrentPt**=(CurrentPt.$n_x$,CurrentPt.$n_y$,CurrentPt.$n_z$);
        **NV_Plane**=(Plane.$n_x$,Plane.$n_y$,Plane.$n_z$);
    计算当前点与平面的夹角
        NormalAngle=**NV_CurrentPt · NV_Plane**
    计算当前点到平面的距离
        $d_{\text{point}}$ = **NV_CurrentPt · Coordinate_CurrentPt**
    Dist_CurrentPt_Plane=$\left|d_{\text{point}} - d_{\text{jplane}}\right|$;
  3. if NormalAngle>AngleThreshold & & Dist_CurrentPt_Plane<DistThreshold
        若夹角大于夹角阈值且距离小于距离阈值，则保存当前点的坐标
        平面中包含的点个数增加 1 ( numPt_plane + +; )
    }
  4. if numPt_ plane>PointThreshold
    { 用鲁棒的特征值法对平面进行优化
        计算新得到的平面的法向矢量
        用新平面的平面参数代替旧平面的平面参数
  5. for ($j$=0; $j$<$i$; $j$++)
        判断是否有重复平面
        若有重复平面，则将其删除
    }
}

图 5.10 展示了面片合并之后的平面分割效果，轮廓清楚，面与面的交界线、

门框边界清晰可见，共提取 8 个平面。对于边界点，其法向矢量呈散状分布，不能满足法向矢量夹角阈值，没有正确归属到相应平面，75461 个扫描点，共检测出 64947 个，查全率约为 86.07%，遗漏点主要是边界点、边框点，需对其进行重新归属判断。

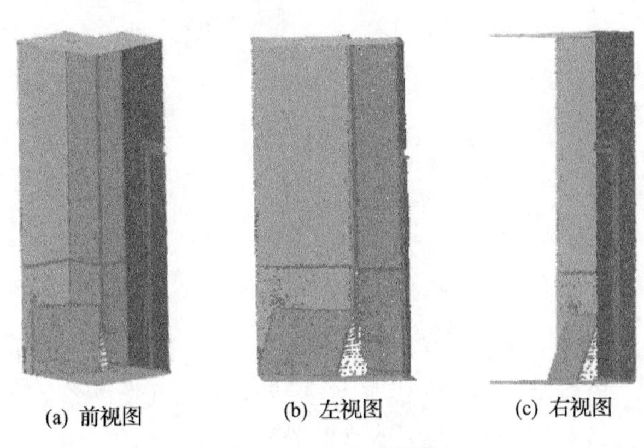


图 5.10　面片合并效果图

2) 共面点重新归属判断

共面点分两种情况，一种是两平面的交接点，即真实共面点，或称为边界点；另一种是伪共面点，即实际不属于一个平面，从某一角度看由于某两个或多个平面重叠造成的一种假象。

共面点的法向矢量呈散状分布，无规律可循，共面点归属错误均与法向矢量有关，因此在对共面点重新归属时不再考虑点的法向矢量信息，而是依据点到平面的距离进行判断。任一点 $P(x_p, y_p, z_p)$ 到平面 $A$ 的距离公式定义为

$$D_A = \frac{\left|n_x x_p + n_y y_p + n_z z_p - (n_x x_0 + n_y y_0 + n_z z_0)\right|}{\sqrt{n_x^2 + n_y^2 + n_z^2}} \tag{5.21}$$

式中，$(n_x, n_y, n_z)$ 表示平面 $A$ 的单位法向量且 $\sqrt{n_x^2 + n_y^2 + n_z^2} = 1$；$(x_0, y_0, z_0)$ 表示平面中心点坐标。根据式 (5.8) 计算共面点 $C$ 到 $n$ 个平面的距离 $D_1, D_2, \cdots, D_n$，筛选出两个最小距离 $D_i$ 和 $D_j, i, j \in (1, n)$，设置点到平面的距离阈值 $\xi$。若 $\left|D_i - D_j\right| \geqslant \xi$，则待定点到两个最近平面的距离差距较大，当 $\left|D_i\right| \gg \left|D_j\right|$ 或者 $\left|D_i\right| \ll \left|D_j\right|$ 时，说明该点是伪共面点，将其归属到距离较近的平面；若 $\left|D_i - D_j\right| < \xi$，则待定点到两个最近平面的距离近似相等，说明该点为边界点，采用邻域点归属辅助判断方法进行边界点归属判断，如图 5.11 所示。

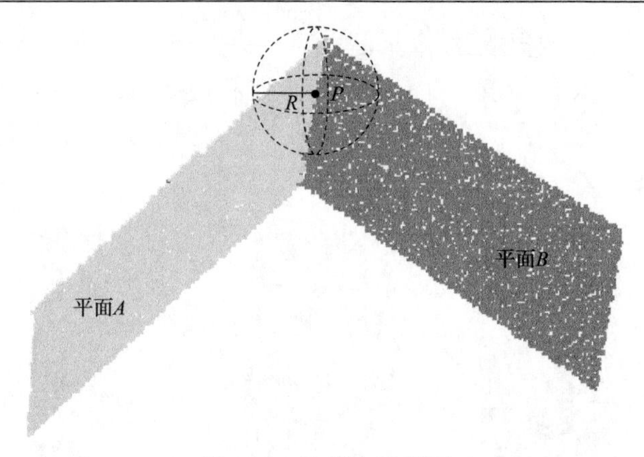


图 5.11　边界点示意图

在进行邻域点归属判断时，以待定点为圆心、$R$ 为半径进行邻域搜索，获取邻域点集；根据点归属平面标记 plane_flag 统计邻域点集中落入每个平面的数量，将其归属到含邻域点集中点数最多的平面，并为待定点设置点归属平面标记 plane_flag。如图 5.11 所示，点 $P$ 为平面 $A$ 和平面 $B$ 的边界点，假设点 $P$ 的邻近点集中共有 $M$ 个邻近点，其中 $M_1$ 个点归属于平面 $A$，$M_2$ 个点归属于平面 $B$。若 $M_1 > M_2$，则将点 $P$ 归属到平面 $A$，否则归属到平面 $B$。图 5.12 展示了共面点归属判断之后最终提取的平面效果。可以看出，伪平面点和边界点均已正确归属到相应平面，75461 个扫描点，共检测出 75417 个，查全率约为 99.94%。

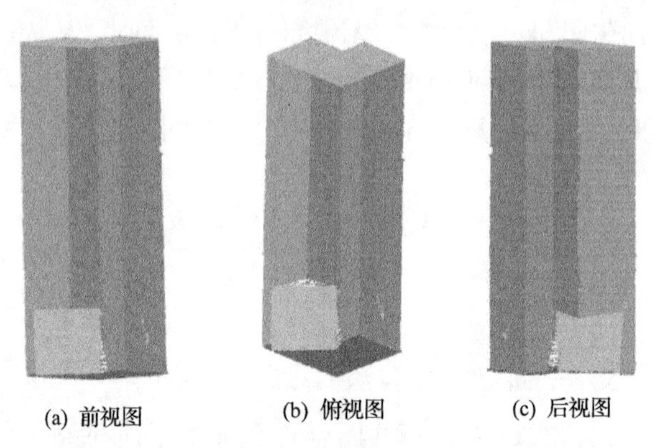


图 5.12　共面点归属判断后平面提取效果

3) 距离阈值 $\xi$ 的确定

距离阈值 $\xi$ 的大小直接影响实验结果，针对 $\xi$ 应如何取值才能正确区分出伪共面点和边界点，这里仍以实验室墙角点云进行测试，当待归属点到最近两平面的距离差距较大时(至少在 2 倍以上)，该点为伪共面点，待定点到两平面的距离差的绝对值大于 0.001，结果如表 5.2 所示。当待归属点到两平面的距离非常接近时，该点为边界点，待定点到两平面的距离差的绝对值小于 0.001，结果如表 5.3 所示。因此，距离阈值$\xi$设置为 0.001，平面提取效果验证了$\xi$取值的正确性，如图 5.12 所示。

**表 5.2　伪共面点示例**

| 序号 | $D_i$ | $D_j$ | $\lvert D_i - D_j \rvert$ |
|---|---|---|---|
| 1 | 0.0082 | 0.0016 | 0.0065 |
| 2 | 0.0072 | 0.0034 | 0.0037 |
| 3 | 0.0076 | 0.0038 | 0.0038 |
| 4 | 0.0098 | 0.0040 | 0.0057 |
| 5 | 0.0052 | 0.0021 | 0.0031 |
| 6 | 0.0376 | 0.0043 | 0.033 |
| 7 | 0.0166 | 0.0003 | 0.0163 |
| 8 | 0.0047 | 0.0018 | 0.0029 |
| 9 | 0.0249 | 0.0001 | 0.0247 |
| 10 | 0.0096 | 0.0015 | 0.0081 |

**表 5.3　边界点示例**

| 序号 | $D_i$ | $D_j$ | $\lvert D_i - D_j \rvert$ |
|---|---|---|---|
| 1 | 0.0040 | 0.0031 | 0.0009 |
| 2 | 0.0035 | 0.0028 | 0.0007 |
| 3 | 0.0028 | 0.0027 | 0.0001 |
| 4 | 0.0055 | 0.0049 | 0.0006 |
| 5 | 0.0031 | 0.0029 | 0.0002 |
| 6 | 0.0023 | 0.0019 | 0.0004 |
| 7 | 0.0053 | 0.0052 | 0.0001 |
| 8 | 0.0070 | 0.0069 | 0.0001 |
| 9 | 0.0077 | 0.0076 | 0.0001 |
| 10 | 0.0075 | 0.0069 | 0.0006 |

## 5.4　实验结果与分析

### 5.4.1　数据集

1. 训练集和验证集

在 DVLSHR 模型的学习性能验证及与其他模型的比较阶段，使用的数据集为 PASCAL VOC 2012 的子集，其中训练集包含 1464 张图片、验证集包含 1449 张图片。在三维场景分割时，使用的训练数据集为 CityScapes。本章从应用的角度出发，根据三维场景中目标出现的频率及其关联度进行三维目标类别的选择。将数量较少或不太相关的类别归为背景类，对剩余 19 个目标类进行评估，包括道路、人行道、建筑、墙壁、栅栏、杆、交通灯、交通标志、植被(主要包括树木、树篱、各种垂直植被)、地形(主要包括草、各种水平植被、土壤、沙子)、天空、人、骑手、汽车、卡车、公共汽车、火车、摩托车以及自行车。

2. 测试集

实验中使用的激光点云采集于两个不同的自然场景：dataset1 是郑州西郊的一街景数据，dataset2 是某大学一隅，两组测试数据集的详细描述如表 5.4 所示。数据采集时采用尼康 D700 数码相机和尼康 Nikkor 20mm/F 2.8D 固定焦距镜头拍摄二维图像，用地面激光扫描仪 Riegl VZ-400 采集三维点云，二维图像和三维点云同步获取。激光扫描仪扫描一站数据，相机同步拍摄 7 幅高分辨率图像，而该图片大小已远远超出现有像素级分割网络模型所能承受的能力。

**表 5.4　两组测试数据集的详细描述**

| 数据集 | 图片个数/站 | 图像分辨率 | 三维点数 | 数据大小/MB |
|---|---|---|---|---|
| dataset1 | 7 | 2832×4256 | 7098159 | 236 |
| dataset2 | 7 | 2832×4256 | 5956090 | 200 |

### 5.4.2　评价标准

为评估每一个语义类被分割的效果，深度学习通常采用式(5.22)和式(5.23)的评价准则，其中 TP(true positive)、FP(false positive)和 FN(false negative)分别表示“标注为正样本，也被分割为正样本”“标注为负样本，而被分割为正样本”和“标注为负样本，也被分割为负样本”的像素点个数，而传统的分割方法优先使用式(5.24)。

$$\text{IoU} = \frac{\text{TP}}{\text{TP+FP+FN}} \tag{5.22}$$

$$\text{PA} = \frac{\text{TP}}{\text{TP+FP}} \tag{5.23}$$

$$\text{Recall} = \frac{\text{TP}}{\text{TP+FN}} \tag{5.24}$$

用于评估整体分割性能的评价标准有平均像素精度(mean pixel accuracy, MPA)和 mIoU。MPA 是像素精度的一种简单提升，计算每个类内被正确分类像素数的比例，然后求所有类的平均，如式(5.25)所示。mIoU 为语义分割的标准度量，其计算两个集合的交集和并集之比，在语义分割的问题中，其表示模型分割的目标区域与参考标准/真实标注(ground truth)中该类区域的交叠率，即分割结果与真实标注的交集及其并集之比，先求每一类的交叠率，再求所有类的平均交叠率，如式(5.26)所示。

$$\mathrm{MPA}=\frac{1}{k+1}\sum_{i=0}^{k}\mathrm{PA}_i=\frac{1}{k+1}\sum_{i=0}^{k}\frac{p_{ii}}{\sum\limits_{j=0}^{k}p_{ij}} \tag{5.25}$$

$$\mathrm{mIoU}=\frac{1}{k+1}\sum_{i=0}^{k}\mathrm{IoU}_i=\frac{1}{k+1}\sum_{i=0}^{k}\frac{p_{ii}}{\sum\limits_{j=0}^{k}p_{ij}+\sum\limits_{j=0}^{k}p_{ji}-p_{ii}} \tag{5.26}$$

式中，$k$+1 表示背景类的语义类别数；$p_{ij}$ 表示属于类别 $i$ 而被分割为类别 $j$ 的像素个数。

### 5.4.3　DVLSHR 模型训练

模型训练采用的硬件环境为单 GPU，型号为 Titan X Pascal，显存为 12GB。训练集 CityScapes 被下采样，采样因子为 2，图像分辨率降为 1024×512。网络模型参数设置如下：网络一次正向传播处理的输入样本量为 2(batch_size=2)；将尺寸大于 713 的图片进行随机裁剪(crop_size=713)；网络训练迭代 20000 次；学习率下降策略是 step(lr_policy: step)；每迭代 2000 次，学习率更新一次(step_size=2000)；采用交叉熵损失函数以及标准随机梯度下降(standard stochastic gradient descent, SSGD)优化方法。DVLSHR 的基模型为 DeepLab-VGG16，它是 DeepLab-LargeFOV 模型的基础版本，基模型没有在 MSC-COCO 数据集进行预训练，也没有在后处理阶段引入条件随机场。DVLSHR 模型共训练 2 次，在 CityScapes 验证集上获得了 MPA=74.98%以及 mIoU=64.17%的高性能，具体训练过程如下。

1. 下采样因子的设置

在训练 DVLSHR 模型的过程中，训练集和验证集从 CityScapes 数据集中随机选取。DVLSHR 模型训练两次：第一次，训练集和验证集分别包含 2975 和 100 张图片；第二次，根据第一次训练的结果，分割效果差的类别图像构成新的训练集和验证集，其中训练集包含 2000 张图片，验证集包含 100 张图片。实验结果表明，下采样因子对分割效果有很大的影响。如表 5.5 所示，下采样因子等于 2 时的分割效果明显优于下采样因子等于 4 时的分割效果，MPA 达到了 74.98%，mIoU 达到了 64.17%，与下采样因子为 4 时相比 MPA 提高了 13%、mIoU 提高了 14%。

虽然本章采用了下采样因子，但实验结果与 DeepLab 在对应文献[16]中对原始分辨率图像的处理结果基本一致，其 mIoU 为 64.89%。

**表 5.5　DVLSHR 模型在 CityScapes 测试集中的测试结果**

| 序号 | 输入样本量 | 迭代次数 | 下采样因子 | MPA/% | mIoU/% |
| --- | --- | --- | --- | --- | --- |
| 1 | 1 | 20000 | 2 | 72.18 | 61.26 |
| 2 | 1 | 20000 | 4 | 61.95 | 50.18 |
| 3 | 2 | 20000 | 2 | **74.98** | **64.17** |

注：最优结果加粗显示，下同。

基于影像分割完成之后，分割结果再上采样为原始图片大小，只有原始大小的图片才能映射到对应的三维点云。

2. 输入样本量 batch_size 的设置

如表 5.5 第一行和第三行所示，在相同迭代次数和相同下采样因子情况下，当一次正向传播处理的输入样本量由 1 增加到 2 时，分割效果得到了提升，其中 MPA 提高了 2.8%，mIoU 提高了 2.91%。

3. 步长 step_size 的设置

按照梯度下降法来训练神经网络模型，都会存在学习率设置的问题，学习率即步长。base_lr 为基础学习率，在迭代的过程中可以对其进行适当调整，lr_policy 用来设置调整的策略。若 lr_policy 设置为 step，则还需要使用 step_size 设置步长。训练过程中尝试不同的步长对分割结果的影响，结果表明 step_size 对分割精度的稳定性有直接影响。图 5.13 展示了模型 DeepLabV1-VGG16 在 PASCAL VOC 2012

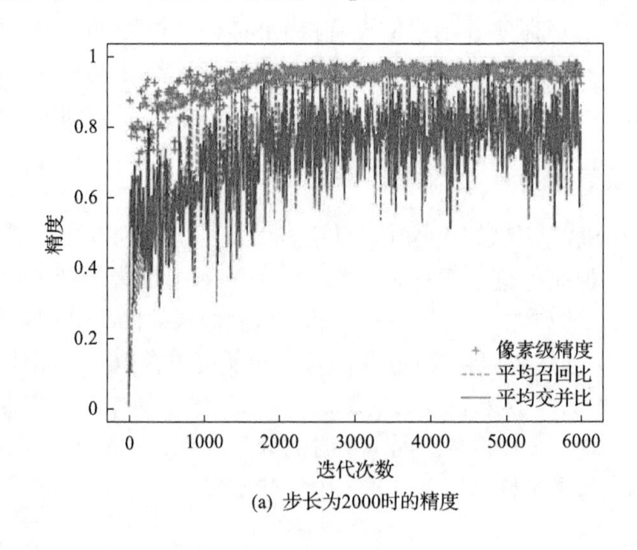


(a) 步长为2000时的精度

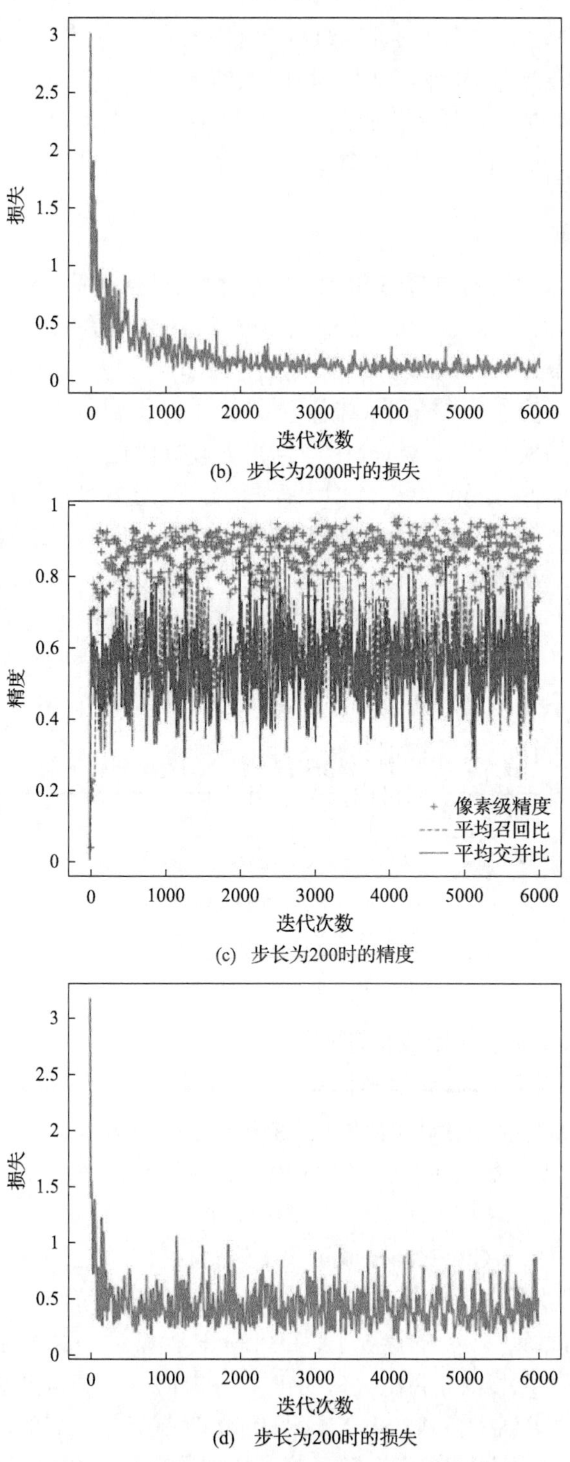


(b) 步长为2000时的损失

(c) 步长为200时的精度

(d) 步长为200时的损失

图 5.13　不同步长(step_size)对应的训练过程

数据集上不同 step_size 对应的训练过程。结果表明，在训练过程中，步长为 2000 时的稳定性及精度值均优于步长为 200 时的情况，如图 5.13(a)和图 5.13(c)所示；当 step_size=2000 时，损耗逐步收敛到一个更小、更稳定的值，而步长为 200 的损耗则不断振荡，如图 5.13(b)和图 5.13(d)所示。

4. 对比实验

为进一步对本章提出的 DVLSHR 模型的性能进行评估，这里将该模型与现有的经典分割模型 FCN-8s、SegNet 及 DeepLabV2-VGG16 在 CityScapes 数据集上进行比较，结果如表 5.6 所示。表 5.6 分为上下两部分，为方便比较，上半部分列出了从 CityScapes 官方获得的基准数据，其选择了一些著名的语义标注方法，要求其研究者对各自的模型在 CityScapes 数据集上进行优化，然后在 CityScapes 测试集上进行评估。FCN-8s 和 SegNet 均训练两次，首先在 CityScapes 训练集上用精标数据进行训练直到在验证集上的性能饱和；然后由训练集组合验证集构成新的训练集，进行第二次训练。同时两者均使用扩展数据集，如 ImageNet 和 Pascal Context。为进一步比较，第一行列出的是没有对输入数据进行下采样时的分割结果，第二行采用了下采样，采样因子 factor 等于 2，结果表明，在原分辨率影像上的分割效果优于下采样之后的效果，mIoU 从 65.3%降到了 61.9%。

**表 5.6　在 CityScapes 数据集上的对比实验结果**

| 模型 | 精标训练集 | 精标验证集 | 扩展数据集 | 下采样因子 | mIoU/% | MPA/% |
|---|---|---|---|---|---|---|
| FCN-8s | √ | √ | ImageNet, Pascal Context | — | **65.3** | — |
| FCN-8s | √ | √ | ImageNet, Pascal Context | 2 | 61.9 | — |
| SegNet | √ | √ | ImageNet | 4 | 57.0 | — |
| DeepLabV2-VGG16 | √ | — | — | 2 | 59.08 | 71.79 |
| DVLSHR(第一次训练) | √ | — | — | 2 | 60.68 | 72.29 |
| DVLSHR(第二次训练) | √ | — | — | 2 | **64.17** | **74.98** |

实验中，用有限的 GPU 内存来训练更深层次的网络是一个具有挑战性的问题，因此先后利用下采样因子 2 和 4 对原始影像及其标注图片分别进行下采样。将本章提出的 DVLSHR 模型第一次训练结果和第二次训练结果分别与最初的 DeepLabV2-VGG16 在 CityScapes 验证集上进行比较，结果如表 5.6 第四行所示。在 DVLSHR 模型训练过程中，只使用了 CityScapes 的训练集，没有使用验证集和扩展数据集。在训练集较少的情况下，DVLSHR 模型第一次训练和第二次训练后的 mIoU 分别提升了 1.60%和 5.09%，MPA 分别提升了 0.5%和 3.19%。与 SegNet 模型对比，经过两次训练，DVLSHR 模型的 mIoU 提升了 7.17%，与 FCN-8s 接近，而 FCN-8s 模型同时在训练集组合验证集和扩展数据集多个数据集上进行了训练。

表 5.7 列出每一类别的像素精度，为 DVLSHR 模型第一次训练与第二次训练在 CityScape 验证集上的结果(100 幅影像)，并与原始的 DeepLabV2-VGG16 模型进行对比，其中原始模型为 DeepLabV2-VGG16，DVLSHR(第一次训练)为 DVLSHR 模型第一次训练结果，DVLSHR(第二次训练)为第二次训练结果。经过两次训练，几乎所有类的像素精度都得到了提高，尤其是人行道、交通灯、交通标志、骑手以及火车类别的像素精度得到了显著提升，分别由 72.98%、54.87%、63.55%、55.07%和 59.07%提升到了 77.68%、59.33%、69.13%、60.63%和 88.56%。表 5.8 列出的每类 IoU 同样得到了显著提高，其中人行道、栅栏、交通灯、交通标志、骑手和火车类别的 IoU 分别由 62.67%、47.91%、36.12%、50.93%、41.66%和 55.37%提升到了 68.19%、53.18%、44.80%、57.23%、46.96%和 80.81%。

**表 5.7　每个语义类的像素精度**

| 类别 | 不同模型对应的像素精度/% | | |
|---|---|---|---|
| | 原始模型 | 本章模型(第一次训练) | 本章模型(第二次训练) |
| 道路 | 97.56 | 97.65 | **97.95** |
| 人行道 | 72.98 | 73.31 | **77.68** |
| 建筑 | 92.38 | 92.85 | **92.97** |
| 墙壁 | 47.56 | 46.51 | **48.24** |
| 栅栏 | 64.32 | 66.67 | **67.15** |
| 杆 | 44.32 | 45.10 | **46.03** |
| 交通灯 | 54.87 | 56.47 | **59.33** |
| 交通标志 | 63.55 | 66.22 | **69.13** |
| 植被 | 94.38 | 94.61 | **94.75** |
| 地形 | 78.62 | **81.83** | 80.86 |
| 天空 | 93.05 | 93.05 | **93.84** |
| 行人 | 77.75 | 79.69 | **79.78** |
| 骑手 | 55.07 | 57.72 | **60.63** |
| 汽车 | 94.55 | 94.53 | **94.67** |
| 卡车 | 69.92 | **78.34** | 63.97 |
| 公交 | **72.15** | 71.02 | 71.42 |
| 火车 | 59.07 | 45.83 | **88.56** |
| 摩托车 | 66.19 | 64.73 | **71.69** |
| 自行车 | 65.70 | **67.32** | 66.02 |

**表 5.8　每个语义类的 IoU**

| 类别 | 不同模型对应的像素精度/% | | |
|---|---|---|---|
| | 原始模型 | 本章模型(第一次训练) | 本章模型(第二次训练) |
| 道路 | 90.80 | 90.99 | **92.27** |
| 人行道 | 62.67 | 64.04 | **68.19** |
| 建筑 | 83.44 | 84.08 | **84.62** |
| 墙壁 | 31.85 | 32.95 | **34.48** |
| 栅栏 | 47.91 | 50.25 | **53.18** |
| 杆 | 34.60 | 35.49 | **35.75** |
| 交通灯 | 36.12 | 41.97 | **44.80** |
| 交通标志 | 50.93 | 54.78 | **57.23** |
| 植被 | 87.44 | 87.97 | **88.37** |
| 地形 | 60.88 | 62.16 | **64.57** |
| 天空 | 86.19 | 86.72 | **87.83** |
| 行人 | 60.84 | 63.62 | **64.60** |
| 骑手 | 41.66 | 44.89 | **46.96** |
| 汽车 | 86.40 | 86.79 | **87.51** |
| 卡车 | 52.81 | **61.95** | 55.55 |
| 公交 | 55.18 | 59.64 | **66.98** |
| 火车 | 55.37 | 43.91 | **80.81** |
| 摩托车 | 50.21 | 50.68 | **53.72** |
| 自行车 | 47.25 | 50.08 | **51.75** |

综上所述，本章设置超参数下采样因子 factor=2，batch_size=2，DVLSHR 模型没有在 MSC-COCO 数据集进行预训练，也没有采用条件随机场进行分割后处理，在此情况下，在 CityScapes 验证集上仍然获得了 MPA=74.98%和 mIoU=64.17%的高性能。分割结果如图 5.14 所示，第一列为初始影像，第二列为影像标注，第三列为分割结果。由图 5.14 可知，DVLSHR 模型对建筑物、汽车、树木、路面、人行道等类别分割效果较好，但是对交通灯、交通标志等目标，与原始模型相比虽分割效果有所提升，但还有待进一步提升。图 5.15 展示了在 CityScapes 测试集上的分割结果。

图 5.14　DVLSHR 模型在 CityScape 验证集上的分割结果

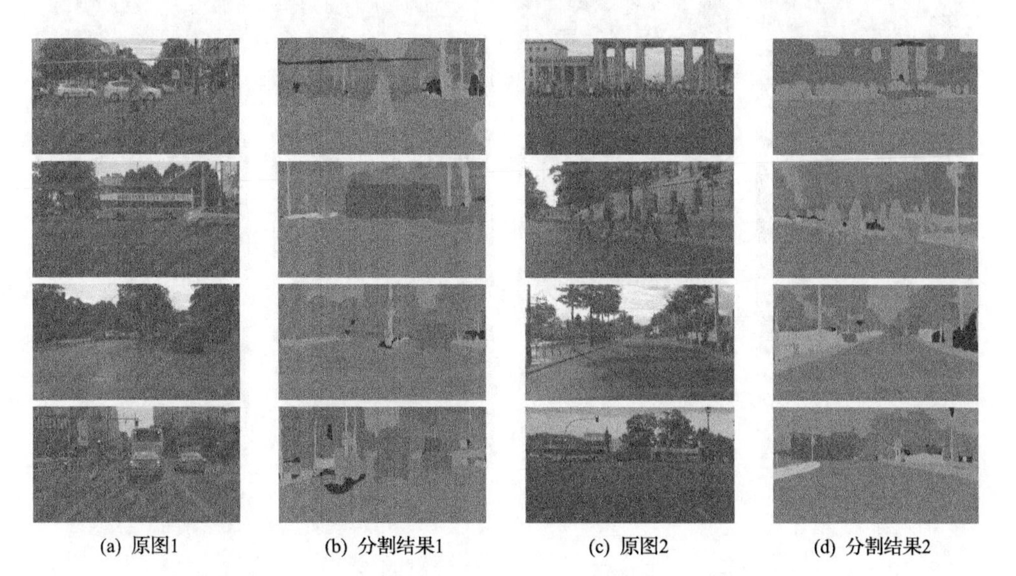

(a) 原图1　　(b) 分割结果1　　(c) 原图2　　(d) 分割结果2

图 5.15　DVLSHR 模型在 CityScape 测试集上的分割结果

### 5.4.4 初步分割结果

本节将 DVLSHR 模型分割的结果进行可视化，图 5.16 和图 5.17 分别展示了数据集 dataset1 和 dataset2 的分割结果，其中第一行为原始图像，第二行为对应的分割结果。

分割结果表明，本章提出的模型对三维场景的分割效果较好。道路、树木、汽车和建筑物均被精确提取，边界清晰。

图 5.16、图 5.17 中，窨井盖不属于定义的 19 类，因此被分割为了背景类。分割结果表明，对道路、人行道、树木、草坪、交通灯、汽车和天空等类进行了很好的分割。然而，对于建筑物，只分割出其外边界轮廓，若多个建筑物彼此相连，则被分割为一个建筑物，且建筑上的细节特征无法提取，需要使用 5.3.3 节所述算法对建筑物局部结构进行进一步提取。

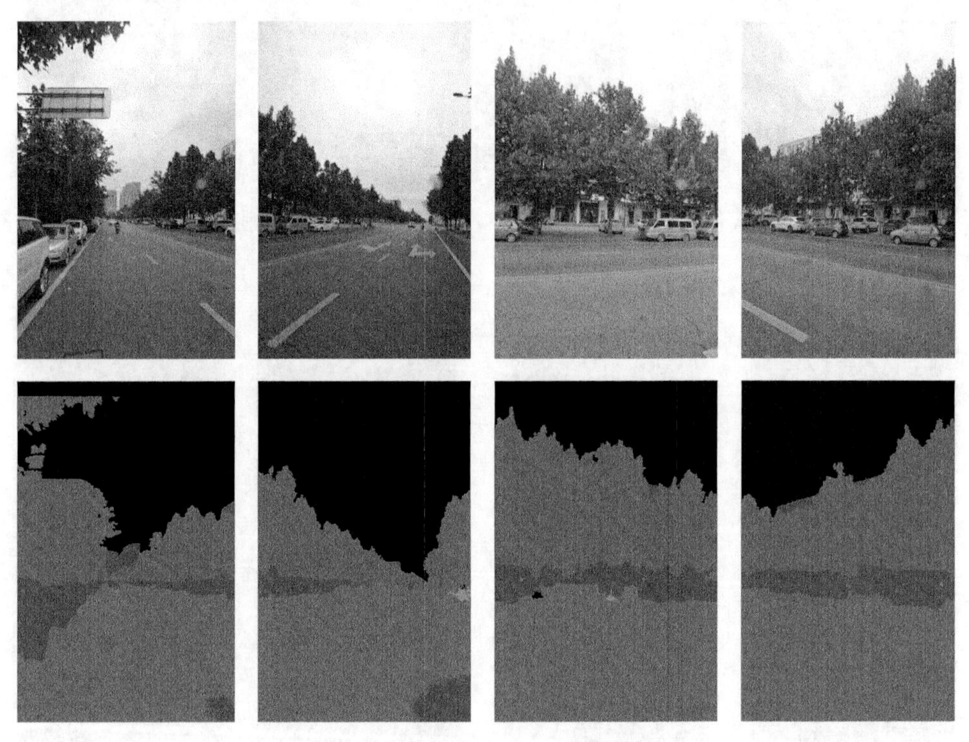

图 5.16 数据集 dataset1 分割结果

### 5.4.5 映射结果可视化

采用 5.3.1 节描述的 DVLSHR 模型、5.4.3 节训练的模型参数和表 5.2 列出的

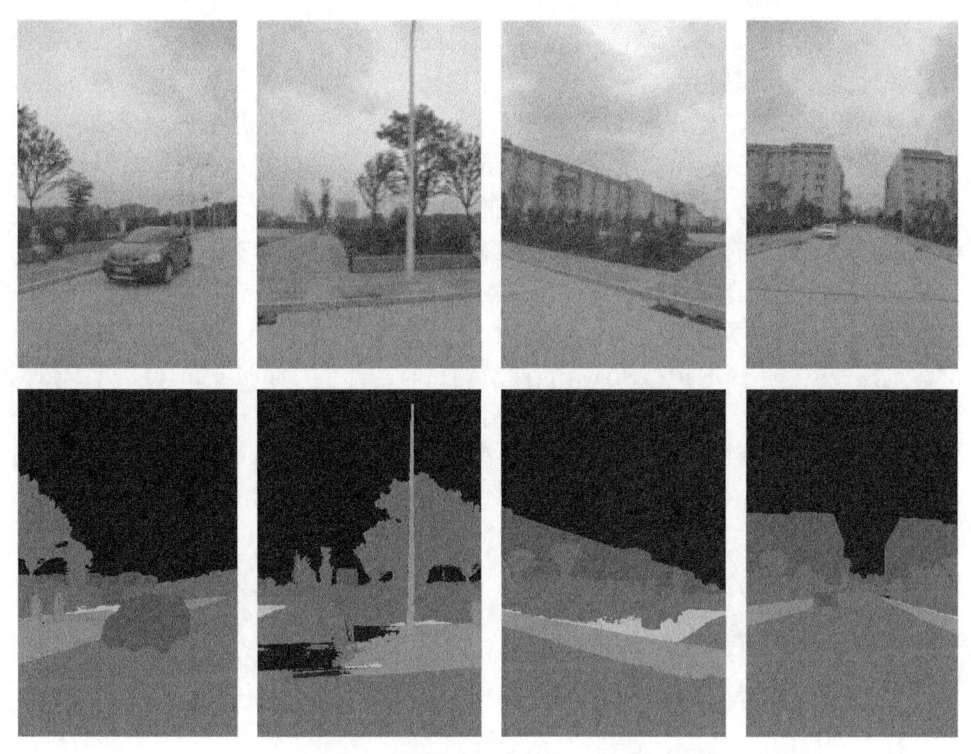

图 5.17　数据集 dataset2 分割结果

两个测试集，根据 5.3.2 节的映射方法，将语义分割结果映射到三维点云。映射结果如图 5.18 和图 5.19 所示。

(a) 真实测试场景　　(b) 分割结果

图 5.18　数据集 dataset1 真实测试场景及其分割结果

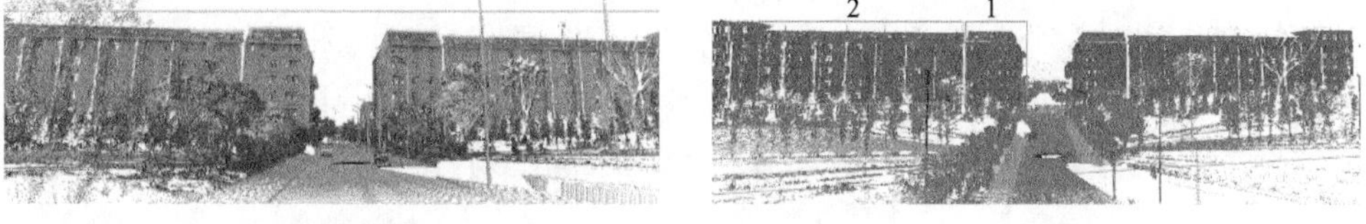


(a) 真实测试场景　　(b) 分割结果

图 5.19　数据集 dataset2 真实测试场景及其分割结果

两个不同场景的二维图像到三维点云的映射结果显示，大部分类别得到了很好地分割，如道路、人行道、树木、汽车、建筑物等，但仅提取了每一类的外边界轮廓，而不包含其精细特征。这与基于影像的数据集有关，数据集对应的边界就只有外边界。对于建筑物这类三维目标，作为城市街景中重要的组成结构，只提取外边界轮廓是远远不够的；当出现建筑物群(从影像拍摄视角看，建筑物与建筑物之间有重叠)时，会把多个建筑物看作一个整体，只能提取最外边界信息，已改变原有各个建筑物的轮廓。因此，在映射结果的基础上，本章直接基于三维点云进一步提取建筑物精细特征。

图 5.20 给出了测试集点云全景。放大映射结果可以看出，数据集 dataset1 上的建筑物被茂密、高的植被所遮挡，建筑物点非常稀疏，如图 5.20(c)所示；数据集 dataset2 中的建筑物只被低矮植被或个别植被局部遮挡，建筑物点密度较大，如图 5.20(d)和图 5.19(b)所示。因此，在本小节建筑物物理平面提取中，使用数据集 dataset2。

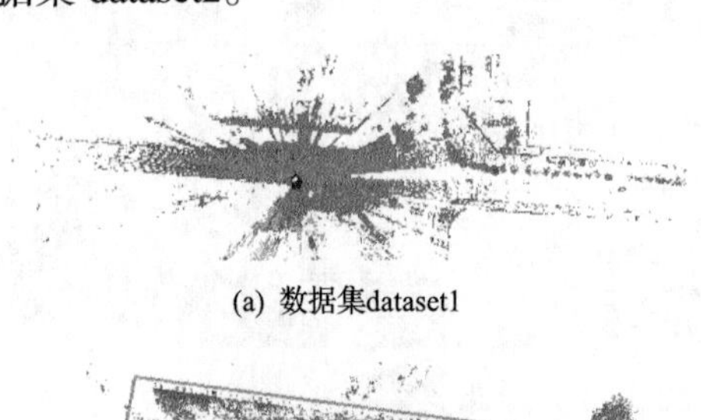

(a) 数据集dataset1

(b) 数据集dataset2

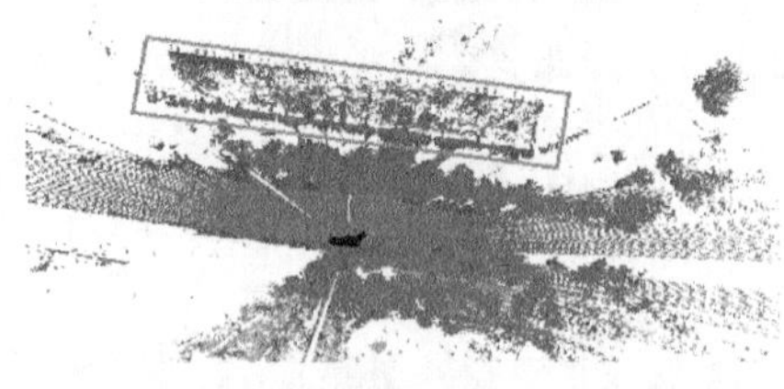

(c) 矩形框：数据集dataset1中的建筑物

(d) 矩形框：数据集dataset2中的建筑物

图 5.20 测试集点云全景

### 5.4.6 基于三维点云的建筑物精细特征分割

为了进一步分割建筑物的精细特征，需要设置阈值。例如，在初步平面的提取过程中，需设置法向量夹角阈值和距离阈值；GHT 需设置最小投票阈值，用于检测局部峰值。在分割的平面效果优化部分，需再次设置法向量夹角阈值和距离阈值进行相似面片合并。阈值的选取及其大小设置严重依赖研究者的先验知识，鲁棒性较差。图 5.19(b)中标记为“1”和“2”的建筑物的语义分割效果如图 5.21 所示。

由于地面激光扫描仪与各个建筑物之间的距离不同，局部特征分割效果也不同，短距离的特征提取效果较好，建筑物“1”距离激光扫描仪最近，窗口提取效果很好，建筑物“2”距离激光扫描仪较远，点比较稀疏，部分窗口提取效果较好，而有些窗口提取效果不够清晰。图 5.22 展示了三维场景语义分割整体效果。

(a) 建筑物“1”的立面语义分割效果

(b) 建筑物“2”的立面语义分割效果

图 5.21　基于三维点云的建筑物立面语义分割效果

图 5.22　数据集 dataset2 三维场景语义分割整体效果

为评估 FC-GHT 算法的性能，采用 5.4.2 节中介绍的召回率评价指标，根据 5.4.3 节中计算出的建筑物类别所对应的 PA 和 IoU，计算出其对应的召回率为 90.40%，而局部特征提取后的召回率增大到 99.71%，如表 5.9 所示。

**表 5.9　建筑物精细特征分割方法性能对比**

| 方法 | 召回率/% |
|---|---|
| RANSAC[55] | 79.93 |
| 区域增长[56] | 68.66 |
| 动态聚类[56] | 74.86 |
| 标准霍夫变换[45] | 65.27 |
| 本章方法(初步分割结果) | 90.40 |
| 本章方法(精细特征分割结果) | **99.71** |

### 5.4.7　结果分析

与二维图像相比，三维点云可以提供更详细的信息。例如，点云中的语义场景理解可以自然地定位目标的三维坐标，这为如导航、操纵等后续任务提供了重要信息。但是，由于点云的海量特性，如果直接在原始三维点云上执行语义场景分割，那么计算负担很大，很容易超过计算机的内存限制。随着点数的增加，内存占用率和时间消耗都呈指数级增长。本章提出的融合算法可以有效地解决这一问题。

在二维图像向三维点云的映射过程中，主要任务是矩阵计算和坐标转换，算法复杂度为 $o(n)$，其中 $n$ 表示点的个数。对于数据集 dataset2，包括 7 幅二维图像和 5956090 个点，本章算法仅用 2.6s 就完成了整个映射。在建筑物局部特征提取阶段，在初步分割结果的基础上，使用 FC-GHT 算法在原始三维点云上直接提取建筑物局部特征，大大降低了计算负担。以数据集 dataset2 为例，FC-GHT 算法耗费了 8.678s，实验硬件环境 CPU 为 Intel i5 2.6GHz，内存为 8.0GB。

## 参考文献

[1] Guo Y, Wang H, Hu Q, et al. Deep learning for 3d point clouds: A survey[J]. IEEE Transactions on Pattern Analysis and Machine Intelligence, 2020, 43(12): 4338-4364.

[2] Horn B K P. Extended Gaussian images[J]. Proceedings of the IEEE, 1984, 72(12): 1671-1686.

[3] Bu S, Liu Z, Han J, et al. Learning high-level feature by deep belief networks for 3-D model retrieval and recognition[J]. IEEE Transactions on Multimedia, 2014, 16(8): 2154-2167.

[4] Murase H, Nayar S K. Visual learning and recognition of 3-D objects from appearance[J]. International Journal of Computer Vision, 1995, 14(1): 5-24.

[5] Su H, Maji S, Kalogerakis E, et al. Multi-view convolutional neural networks for 3D shape recognition[C]//IEEE International Conference on Computer Vision, San Diego, 2015.

[6] Shi B, Bai S, Zhou Z, et al. DeepPano: Deep panoramic representation for 3-D shape recognition[J]. IEEE Signal Processing Letters, 2015, 22(12): 2339-2343.

[7] Sinha A, Bai J, Ramani K. Deep learning 3D shape surfaces using geometry images[C]//European Conference on Computer Vision, Cham, 2016.

[8] Kalogerakis E, Averkiou M, Maji S, et al. 3D shape segmentation with projective convolutional networks[C]//IEEE Conference on Computer Vision and Pattern Recognition, Honolulu, 2017.

[9] Wu Z, Song S, Khosla A, et al. 3D shapeNets: A deep representation for volumetric shapes[C]//IEEE Conference on Computer Vision and Pattern Recognition, Boston, 2015.

[10] Xu X, Corrigan D, Dehghani A, et al. 3D object recognition based on volumetric representation using convolutional neural networks[C]//International Conference on Articulated Motion and Deformable Objects, Cham, 2016.

[11] Li Y, Pirk S, Su H, et al. FPNN: Field probing neural networks for 3D data[J]. Advances in Neural Information Processing Systems, 2016, 29: 307-315.

[12] Qi C R, Su H, Niebner M, et al. Volumetric and multi-view CNNS for object classification on 3D data[C]//IEEE Conference on Computer Vision and Pattern Recognition, Las Vegas, 2016.

[13] Wu J, Zhang C, Xue T, et al. Learning a probabilistic latent space of object shapes via 3D generative-adversarial modeling[C]//The 30th International Conference on Neural Information Processing Systems, Barcelona, 2016.

[14] Vinyals O, Bengio S, Kudlur M. Order matters: Sequence to sequence for sets[C]//International Conference on Learning Representations, Puerto Rico, 2016.

[15] Qi C R, Su H, Mo K, et al. PointNet: Deep learning on point sets for 3D classification and segmentation[C]//IEEE Conference on Computer Vision and Pattern Recognition, Honolulu, 2017.

[16] Hackel T, Wegner J D, Schindler K. Fast semantic segmentation of 3D point clouds with strongly varying density[J]. ISPRS Annals of the Photogrammetry, Remote Sensing and Spatial Information Sciences, 2016, 3: 177-184.

[17] Badrinarayanan V, Kendall A, Cipolla R. SegNet: A deep convolutional encoder-decoder architecture for image segmentation[J]. IEEE Transactions on Pattern Analysis and Machine Intelligence, 2017, 39(12): 2481-2495.

[18] Chen L C, Papandreou G, Kokkinos I, et al. Semantic image segmentation with deep convolutional nets and fully connected CRFs[J]. Computer Science, 2014, (4): 357-361.

[19] Chen L C, Papandreou G, Kokkinos I, et al. DeepLab: Semantic image segmentation with deep convolutional nets, atrous convolution, and fully connected CRFs[J]. IEEE Transactions on Pattern Analysis and Machine Intelligence, 2017, 40(4): 834-848.

[20] Long J, Shelhamer E, Darrell T. Fully convolutional networks for semantic segmentation[C]// IEEE Conference on Computer Vision and Pattern Recognition, Boston, 2015.

[21] Krizhevsky A, Sutskever I, Hinton G E. ImageNet classification with deep convolutional neural networks[J]. Advances in Neural Information Processing Systems, 2012, 25: 1097-1105.

[22] Simonyan K, Zisserman A. Very deep convolutional networks for large-scale image recognition[J]. International Conference on Learning Representations, San Diego, 2015.

[23] Szegedy C, Liu W, Jia Y, et al. Going deeper with convolutions[C]//The IEEE Conference on Computer Vision and Pattern Recognition, Boston, 2015.

[24] He K, Zhang X, Ren S, et al. Deep residual learning for image recognition[C]//The IEEE Conference on Computer Vision and Pattern Recognition, Las Vegas, 2016.

[25] 王晏民, 胡春梅. 一种地面激光雷达点云与纹理影像稳健配准方法[J]. 测绘学报, 2012, 41(2): 266-272.

[26] 冯文灏. 近景摄影测量[M]. 武汉: 武汉大学出版社, 2002.

[27] 徐青, 寿虎, 朱述龙. 近代摄影测量[M]. 北京: 解放军出版社, 2000.

[28] 姚吉利, 张大富. 改进的空间后方交会直接解法[J]. 山东理工大学学报(自然科学版), 2005, 19(2): 6-9.

[29] 姚吉利, 孙亚廷, 王树广. 基于罗德里格矩阵的数码像片直接定向的方法[J]. 山东理工大学学报(自然科学版), 2006, 20(2): 36-39.

[30] Abdel-Aziz Y I, Karara H M. Direct linear transformation from comparator coordinates into object space coordinates in close-range photogrammetry[J]. Photogrammetric Engineering and Remote Sensing, 2015, 81(2): 103-107.

[31] 董震, 杨必胜. 车载激光扫描数据中多类目标的层次化提取方法[J]. 测绘学报, 2015, 44(9): 980-987.

[32] 冯义从. 车载 LiDAR 点云的建筑物立面信息快速自动提取[D]. 成都: 西南交通大学博士论文, 2014.

[33] 魏征, 杨必胜, 李清泉. 车载激光扫描点云中建筑物边界的快速提取[J]. 遥感学报, 2012, 16(2): 286-296.

[34] Yang B, Wei Z, Li Q, et al. Semiautomated building facade footprint extraction from mobile LiDAR point clouds[J]. IEEE Geoscience and Remote Sensing Letters, 2012, 10(4): 766-770.

[35] Yang B, Wei Z, Li Q, et al. Automated extraction of street-scene objects from mobile LiDAR point clouds[J]. International Journal of Remote Sensing, 2012, 33(18): 5839-5861.

[36] 魏征. 车载 LiDAR 点云中建筑物的自动识别与立面几何重建[D]. 武汉: 武汉大学博士论文, 2012.

[37] Babahajiani P, Fan L, Gabbouj M. Object recognition in 3D point cloud of urban street scene[C]//Asian Conference on Computer Vision, Cham, 2014.

[38] Arachchige N H, Perera S N, Maas H G. Automatic processing of mobile laser scanner point clouds for building facade detection[J]. International Archives of the Photogrammetry, Remote Sensing and Spatial Information Sciences, 2012, 39(B5): 187-192.

[39] Arachchige N H, Maas H G. Automatic building facade detection in mobile laser scanner point clouds[J]. The German Society for Photogrammetry, Remote Sensing and Geoinformation (DGPF), 2012, 21: 347-354.

[40] Rutzinger M, Elberink S O, Pu S, et al. Automatic extraction of vertical walls from mobile and airborne laser scanning data[J]. International Archives of the Photogrammetry, Remote Sensing and Spatial Information Sciences, 2009, 38(W8): 7-11.

[41] Overby J, Bodum L, Kjems E, et al. Automatic 3D building reconstruction from airborne laser scanning and cadastral data using Hough transform[J]. International Archives of the Photogrammetry, Remote Sensing and Spatial Information Sciences, 2004, 34(B3): 296-301.

[42] 李娜. 利用 RANSAC 算法对建筑物立面进行点云分割[J]. 测绘科学, 2021, 36(5): 144-146.

[43] 李孟迪, 蒋胜平, 王红平. 基于随机抽样一致性算法的稳健点云平面拟合方法[J]. 测绘科学, 2015, 40(1): 102-106.

[44] 闫利, 谢洪, 胡晓斌, 等. 一种新的点云平面混合分割方法[J]. 武汉大学学报(信息科学版), 2013, 38(5): 517-521.

[45] 李明磊, 李广云, 王力, 等. 3D Hough Transform 在激光点云特征提取中的应用[J]. 测绘通报, 2015,(2): 29-33.

[46] 艾效夷, 王丽英. 机载 LiDAR 点云数据平面特征提取[J]. 辽宁工程技术大学学报(自然科学版), 2015, 34(2): 212-216.

[47] 章大勇, 吴文启, 吴美平, 等. 基于三维Hough变换的机载激光雷达平面地标提取[J]. 国防科技大学学报, 2010, 32(2): 130-134.

[48] 张蕊, 李广云, 李明磊, 等. 利用 PCA-BP 算法进行激光点云分类方法研究[J]. 测绘通报, 2014,(7): 23-26.

[49] 李明磊, 张蕊, 李广云. 激光扫描点云法矢精确计算与表面光顺方法[J]. 计算机辅助设计与图形学学报, 2015,27(7): 1153-1161.

[50] Krishnapuram R, Casasent D. Determination of three-dimensional object location and orientation from range images[J]. IEEE Transactions on Pattern Analysis and Machine Intelligence, 1989, 11(11): 1158-1167.

[51] Vosselman G, Gorte B G H, Sithole G, et al. Recognising structure in laser scanner point clouds[J]. International Archives of the Photogrammetry, Remote SensinG and Spatial Information Sciences, 2004, 46(8): 33-38.

[52] 周封, 杨超, 王晨光, 等. 基于随机Hough变换的复杂条件下圆检测与数目辨识[J]. 仪器仪表学报, 2013, 34(3): 622-628.

[53] 宋晓宇, 袁帅, 郭寒冰, 等. 基于自适应阈值区间的广义Hough变换图形识别算法[J]. 仪器仪表学报, 2014, 35(5): 1109-1117.

[54] 王力. 基于人工标志的激光扫描数据自动拼接技术研究[D]. 郑州: 信息工程大学博士学位论文, 2010.

[55] Vo A V, Truong-Hong L, Laefer D F, et al. Octree-based region growing for point cloud segmentation[J]. ISPRS Journal of Photogrammetry and Remote Sensing, 2015, 104: 88-100.

[56] 李明磊. 面向多种平台激光点云的线结构提取与应用技术研究[D]. 郑州: 信息工程大学, 2017.

# 第 6 章　三维点云语义分割

## 6.1　引　　言

复杂三维动态场景中多维目标的语义理解不仅是地球系统科学研究中的重要内容，也是计算机视觉领域的一个重要课题。城市场景中感兴趣的类别包括最常见的三维目标：建筑物、道路、车辆、行人、电线杆、电线、树木以及交通标志等。由于三维点云不仅具有三维坐标 $(X, Y, Z)$，还具有反射强度等属性信息，再加上易获取、密度高、不受光线影响等优势，该数据类型已成为分析自然场景的必要手段。三维点云可以由三维激光扫描硬件有效地获取，包括以星/机/车/地为搭载平台的激光扫描硬件系统以及以便携式/背包式/无人机为平台的轻小型三维激光扫描装备。近年来，激光扫描仪以其稳定的三维环境感知能力(无论白天还是黑夜、室内还是室外)，已成为语义场景分析的热门设备。受此影响，三维点云在数据处理方面得到了长足发展，并在许多重大工程和典型领域得到了广泛应用，如自动城市规划、文物修复、地图绘制和导航等。

传统语义场景分割方法(包括传统人工方法及统计分析方法)通常直接作用于原始三维激光点云上，如聚类方法、RANSAC 算法以及霍夫变换法等。由于点云的无结构、分布不均匀等特性，在基于点云对复杂场景进行分割之前通常采用某种数据结构对点云进行组织和管理，如四叉树、八叉树、KD 树以及一些混合索引结构。这些传统方法已发展成熟且精度高，但由于点云的海量特性，很容易超出计算机的内存限制。

随着深度学习技术的快速发展，学者们提出了大量基于图像的经典卷积神经网络模型，这些模型能够自动、有效地为每一个像素点赋予一个精细标注，在二维场景分类、检测、分割等方面表现出突出优势。与二维图像相比，三维点云能够提供更加丰富的空间语义信息。例如，语义场景理解可以自然地定位对象的三维坐标，为后续的导航等任务提供关键信息。但是，目前在非结构化和非同构不均匀点云中直接解析语义场景还是非常困难的。在现有的方法中，通常将三维点云投影到二维表面，将二维数据输入 CNN，充分借鉴基于二维图像的分割模型，但是投影不可避免地丢失或扭曲了有用的三维空间信息。目前，许多研究已直接在原始点云上进行分割，但与二维图像分割相比，基于原始点云的研究还处于初级阶段，如 PointNet 模型，该模型是在原始点云上直接进行场景分析与理解的先行者，但是该模型对局部信息的提取能力不足，而其扩展版本 PointNet++需要在划分的每个区域内迭代运行 PointNet 子网络，计算代价大，效率较低。此外，对具有不同的植被覆盖、激光雷达视点、障碍物姿态等特征的点云数据进行获取和标记，是一项费时费力的过程，而现有的用于深度学习的公开点云数据集还较少，且数据格式差异很大。如果其中一个数据集用于对深度神经网络模型进行训练和验证，另一个数据集用于测试，需耗费大量时间对数据集进行预处理以及数据格式转换。由此可见，基于深度学习的激光点云语义场景理解是一个新兴的研究方向，具有广阔的研究前景，而且会扩展三维点云的应用领域。

本章内容如下：6.2 节简要介绍现有的三维点云数据集和三维分割卷积神经网络；6.3 节对本章提出的两个卷积神经网络模型进行详细介绍；6.4 节通过单一 Area6 区域验证和 6-fold 交叉验证两种方式测试本章提出的网络模型的有效性，对分割结果进行可视化，并且讨论模型的性能；6.5 节对本章内容进行总结，并对下一步研究进行展望。

## 6.2 研究现状

### 6.2.1 三维数据集

三维数据形式多样，主要包括计算机辅助设计模型、三维网格以及点云等。其中，公开的点云数据集并不多，具体已在 1.2 节进行了详细介绍。根据数据集采集范围，点云可分为两大类：室内场景点云和室外场景点云。根据应用目的，可分为三大类：目标分类、局部分割和语义分割，如表 6.1 所示。对于其中的两个语义分割数据集，KITTI 本身没有语义分割标注信息，虽然后期一些研究者根据自身需求标注了部分数据，文献[1]～[3]只对数据集中的二维图像进行了标注；文献[4]同时标注了二维图像与三维点云，但其代码和标注的数据集均没有对外公开。本章使用的语义分割公开数据集为斯坦福大学的 S3DIS 数据集。

**表 6.1　大规模点云语义分割数据集**

| 模型名 | 应用目的(范围) | 发布日期 | 形式 | 制作方 |
|---|---|---|---|---|
| Sydney Urban Objects Dataset[5] | 目标分类(室外场景) | 2012 年 | 点云 | 澳大利亚悉尼大学 |
| KITTI[6] | 语义分割(室外场景) | 2013 年 | 点云 | 德国卡尔斯鲁厄理工学院<br>丰田美国技术研究院 |
| S3DIS[7] | 目标分类、局部分割、语义分割(室内场景) | 2017 年 | 点云、网格 | 美国斯坦福大学 |
| Semantic3D.net[8] | 目标分类(室外场景) | 2017 年 | 点云 | 瑞士苏黎世理工学院 |

### 6.2.2 基于点云的三维卷积神经网络

由于三维点云数据集稀缺，相应地基于三维点云的卷积神经网络也比较少，具体情况已在 1.3 节进行了详细介绍。基于原始点云的深度神经网络技术研究初期，往往发布三维点云数据集的组织也就是研究基于三维点云数据集的卷积神经网络的组织机构，如美国斯坦福大学。基于三维点云的卷积神经网络示例如表 6.2 所示，表中前两个模型不对外公开，第三个模型 Boli-3DFCN 虽然公开，但用于目标检测，而非语义分割。

**表 6.2　基于三维点云的卷积神经网络示例**

| 网络模型 | 应用目的 | 发布日期 | 是否公开 | 组织机构 |
|---|---|---|---|---|
| BuildingParser[7] | 目标检测 | 2017 年 | 否 | 斯坦福大学，康奈尔大学，剑桥大学 |
| Huang J-3DCNN[9] | 语义分割 | 2016 年 | 否 | 南加利福尼亚大学 |
| Boli-3DFCN[10] | 车辆检测 | 2017 年 | 是 | 百度 |
| PointNet[11] | 目标分类、局部分割、语义分割 | 2017 年 | 是 | 斯坦福大学 |
| PointNet++[12] | 目标分类、语义分割 | 2017 年 | 部分 | 斯坦福大学 |
| G+RCU[13] | 语义分割 | 2017 年 | 否 | 亚琛工业大学 |

表 6.2 列出的六个卷积神经网络模型中，四个用于语义分割，PointNet 和 PointNet++是 2017 年提出的。由此可见，基于三维点云的卷积神经网络的研究起步较晚。

PointNet 是实现三维场景目标分类、场景分割以及目标局部分割的一个通用框架。针对点云数据，使用最大池化层作为对称函数来处理点云模型的无序性，使用两个 T-Net 网络对模型进行旋转不变性处理。该模型的不足之处在于只使用一个最大池化层整合单点特征，网络对模型局部信息的提取能力不足。针对该问题，有研究者提出了改进版 PointNet++。

PointNet++先对点云进行采样和划分区域，在各个小区域内采用基础的 PointNet 进行特征提取，根据需求多次迭代该过程，然后对点云的全局特征和局部特征进行融合。PointNet++的核心在于每个区域质心点的选择以及区域的划分。针对质心点的选择，其采用了一种名为 FPS 的采样方法。针对区域的划分，鉴于点云数据不规则特性，即当使用小卷积核时，在一个可视范围内可能存在的点云数量极少，以此提取出的局部特征没有代表性，提出 MSG 方法，对点云不同尺度的局部特征分别进行提取。但是，要为每个质点在其大规模邻域内运行 PointNet，计算量代价太大，于是又提出了 MRG 方法。MRG 相对 MSG 虽速度大幅度提高，但在分割过程中，要迭代使用基础 PointNet 结构，因此计算效率相比 PointNet 还是很低，例如，前向传播 PointNet 用时 11.6s，而 PointNet++用时 87.0s。PointNet++中，只有部分代码公开；PointNet++中，只提供了目标分类和局部分割的结果，不包含语义场景分割。

G+RCU 把 PointNet 扩展到了大规模场景语义分割，包括室内场景和室外场景。PointNet 把每个三维点表示为一个较高维度(9 维)的空间特征，把它们聚集在一个小的网格单元或称为一个数据块中，以此来获得点之间的邻接关系。由于每个数据块是单独处理的，这种特征表示方法所体现的邻域关系只限于当前块内，块与块之间的邻域关系完全被忽略，这种块内的邻域关系局限性比较大。针对该问题，Engelmann 等[13]把 PointNet 的网格邻域关系扩展到大尺寸空间上下文中，主要包括输入级上下文和输出级上下文两种，以扩大三维场景的感受野。分割效果与 PointNet 相比，mIoU 提高了 2%，OA 提高了 2.6%。

除了卷积神经网络，还出现了一些替代方法，如 PointCNN[14]，其是由山东大学于 2018 年提出的神经网络模型，是对 CNN 的一种扩展，首先根据点云的无规则和无序特性，提出根据输入点学习一种 X-Conv 变换，然后将其用于同时加权与点关联的输入特征和将它们重新排列成潜在隐含的规范顺序，接着在元素上应用求积运算和求和运算。该模型在多种形状分析任务中学习效果较好，但在一般的图像上(如 CIFAR10)，效果远不如 CNN；在部分小规模的数据上出现了过拟合现象。

通过以上分析，受 PointNet 启发，以在确保计算效率的基础上提高分割精度为目标，作者尝试了多种可能的实现方法并且比较了在 S3DIS 训练集或测试集上的分割结果，最终确定了本章展示的两种针对三维点云的深度卷积神经网络结构。

## 6.3 研究方法

### 6.3.1 点云表示形式

点云表示形式是通过一些操作将原始数据转换为一种更容易被 CNN 理解的形式。二维图像是结构化的，表示方式大多为密集阵列式，像素点之间等距有序地排列在一起，使得基于卷积的一系列操作在图像数据上能够得到统一的输出。将二维 CNN 推广到三维数据最直接的方式是使用三维体素来表示三维数据，从而使用三维 CNN。然而，三维数据通常较为稀疏，但基于体素的三维 CNN 难以利用这一特性。点云虽可以表达三维稀疏数据，但点云数据中各点之间距离不一，点的排布也无序，CNN 无法直接使用原始点云进行特征学习，因此需要将点云特征表达为一种网络模型可以理解的形式。

由于原始点云无结构且分布不均匀，要表达点的位置信息，首先点的三维坐标是必不可少的；除了三维坐标，还使用了颜色特征；由于数据集中的点按房间进行了切分，每个房间又被切分成 1m×1m×物体高度的立方块，每个点相对房间的归一化后的位置也包含在内。概括起来，点云被表示为一个 9 维向量 $\left(X_i,Y_i,Z_i,R_i,G_i,B_i,X_i^l,Y_i^l,Z_i^l\right)$，每个维度分别表示三维坐标、RGB 颜色以及第 $i$ 个点相对第 $l$ 个房间的位置。该特征表述方式不仅明确表示出每个点的三维坐标、光谱信息，而且表示出点云这种无结构、无序数据的局部相关性。

### 6.3.2 三维深度网络结构

不断调整 PointNet 网络结构，对网络参数进行优化，尝试多种可能的实现方法并且比较在 S3DIS 训练集或测试集上的分割结果。首先添加一个卷积层，卷积核大小为 1×1，输出通道数为 128，其他参数设置保持不变，此时分割效果无改观；然后添加一个同样设置的卷积层，仍无变化；此时，修改添加的两个卷积层的输出通道数，分别改为 256 和 512，分割的精度仍没有得到提高。因此，在 PointNet 的基础上，通过增加卷积层或修改输出通道数等方式无法改进网络性能。卷积层数保持不变，根据小的卷积核不适用三维点云这种数据形式的特性，将卷积核大小调整为 3×1，并设置填充方式为 SAME，此时 mIoU 和 OA 分别提升到 64.26% 和 86.48%，分割效果的提升也充分说明由于点云密度不均匀，稀疏点比较多，小的卷积核不利于局部特征的学习。受此启发，再次调整卷积核大小，由 3×1 调整为 3×3，mIoU 和 OA 分别提升到 65.70%和 87.04%。在此基础上，增加 2 个卷积层，达到了最好的分割效果，这就是本章提出的第一个适用于三维点云的深度卷积神经网络结构 PC-CNN I（point cloud based-convolutional neural network I），mIoU 和 OA 分别为 68.63%和 88.01%。在 PC-CNN I 的基础上，为进一步提高对局部特征的学习能力，多次将提取的局部特征与全局特征进行连接，提出了第二种网络结构 PC-CNN II，mIoU 和 OA 分别为 68.05%和 88.13%。

下面重点介绍 PC-CNN I 和 PC-CNN II 的网络结构，分别如图 6.1 和图 6.2 所示。图中，圆圈表示将局部特征与全局特征进行连接，而每层下方括号内的数字表示该层的卷积核个数，每一层都采用了批归一化和 ReLU，网络模型中每一层的具体参数详细列在了表 6.3 和表 6.4 中。针对 PointNet 对局部信息提取不足、PointNet++计算代价高等问题，本章提出的模型通过增大网络深度、多次提取全局特征、多次融合局部特征和全局特征等方式来改善分割效果。例如，PC-CNN I 共有 10 个卷积层（Conv1～Conv10）、1 个最大池化层（MaxPooling）、2 个全连接层（FCL1 和 FCL2）以及 1 个连接层（Concat），将 Conv6 的局部特征与

FCL2 的全局特征进行融合。PC-CNN II 网络结构共有 10 个卷积层(Conv1～Conv10)、3 个最大池化层(MaxPooling1～MaxPooling3)、2 个全连接层(FCL1 和 FCL2)以及 3 个连接层(Concat1～Concat3)，将来自不同尺寸层的输出聚集在一起三次，分别为 MaxPooling1 与 MaxPooling2、Concat1 与 MaxPooling3 以及 Conv6 与 FCL2。

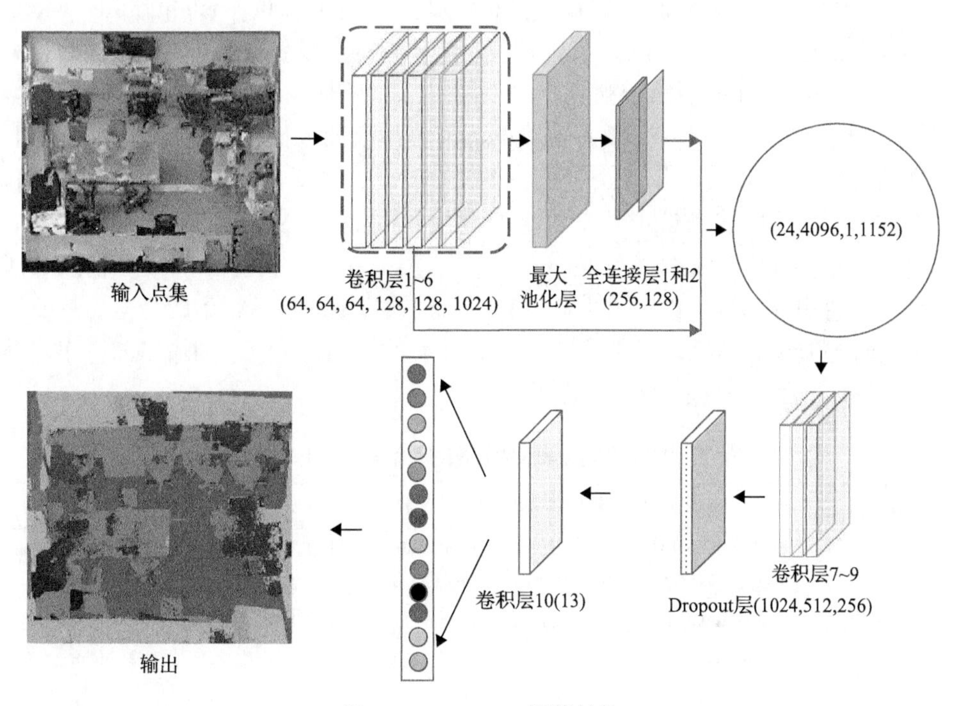


图 6.1　PC-CNN I 网络结构

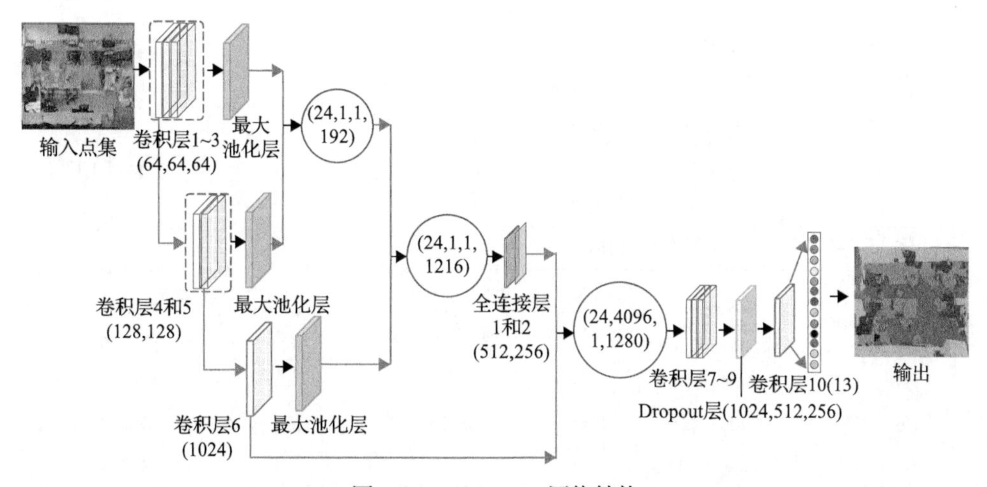


图 6.2　PC-CNN II 网络结构

1. 网络结构设计

在表 6.3 中，对于网络模型 PC-CNN I 的前六个卷积层，待卷积的数据作为输入，数据格式是一个张量[batch, input_height, input_width, input_channels]，分别表示批量、输入数据的高度、输入数据的宽度以及输入通道数。输出通道数依次为 64、64、64、128、128 和 1024。卷积核也是一个张量[filter_height, filter_width, input_channels, output_channels]，分别表示卷积核的高度、宽度、输入通道数、输出通道数。卷积核的步长(步幅)是一个一维数组，其中 stride[0]和 stride[3]固定填写 1，stride[2]和 stride[4]分别为在高度 height 方向上的步长和在宽度 width 方向上的步长，即[1, $h$, $w$, 1]；第一个卷积层步长 stride= [1,1,3,1]，其余 stride= [1,1,1,1]。对齐方式除第一层 padding= ‘VALID’，其余 padding= ‘SAME’。输出也是一个张量[batch, input_height, filter_height, output_channels]，分别表示批量、输入数据的高度、卷积核的高度以及输出通道数。数据通过池化层后得到的为全局特征，为了同时提取全局特征与局部特征，把 Conv6 的输出与 FCL2 的输出进行连接得到新的输出，如图 6.1 圆圈中内容所示。

**表 6.3　PC-CNN I 模型网络结构详解**

| 层类型 | 输入 | 输出通道数 | 卷积核 | 步长 | 对齐方式 | 输出 |
|---|---|---|---|---|---|---|
| Conv1 | [24,4096,9,1] | 64 | [3,3,1,64] | [1,1,3,1] | VALID | [24,4096,3,64] |
| Conv2,Conv3 | [24,4096,3,64] | 64 | [3,3,64,64] | [1,1,1,1] | SAME | [24,4096,3,64] |
| Conv4 | [24,4096,3,64] | 128 | [3,3,64,128] | [1,1,1,1] | SAME | [24,4096,3,128] |
| Conv5 | [24,4096,3,128] | 128 | [3,3,128,128] | [1,1,1,1] | SAME | [24,4096,3,128] |
| Conv6 | [24,4096,3,128] | 1024 | [3,3,128,1024] | [1,1,3,1] | SAME | [24,4096,1,1024] |
| Maxpooling | [24,4096,1,1024] | — | [1,4096,1,1] | [1,1,1,1] | — | [24,1,1,1024] |
| Reshape | [24,1,1,1024] | — | — | — | — | [24,1024] |
| FCL1 | [24,1024] | — | — | — | — | [24,256] |
| FCL2 | [24,256] | — | — | — | — | [24,128] |
| Reshape | [24, 128] | — | — | — | — | [24,1,1,128] |
| Concat (Conv6, FCL2) | [24,4096,1,1024]<br>[24,1,1,128] | — | — | — | — | [24,4096,1,1152] |
| Conv7 | [24,4096,1,1152] | 1024 | [3,1,1152,1024] | [1,1,1,1] | SAME | [24,4096,1,1024] |
| Conv8 | [24,4096,1,1024] | 512 | [3,1,1024,512] | [1,1,1,1] | SAME | [24,4096,1,512] |
| Conv9 | [24,4096,1,512] | 256 | [3,1,512,256] | [1,1,1,1] | SAME | [24,4096,1,256] |
| Dropout | [24,4096,1,256] | — | — | — | — | [24,4096,1,256] |
| Conv10 | [24,4096,1,256] | 13 | [3,1,256,13] | [1,1,1,1] | SAME | [24,4096,1,13] |
| Squeeze | [24,4096,1,13] | — | — | — | — | [24,4096,13] |

按照模型 PC-CNN I 的设计思路，模型 PC-CNN II 将局部特征与全局特征连接了三次，具体如图 6.2 所示，圆圈中的内容为连接的结果。模型 PC-CNN II 与模型 PC-CNN I 相比还有一个重要的不同，PC-CNN II 分别在第 3 个卷积层和第 5 个卷积层之后添加了一个最大池化层，通过最大池化层对称函数获取全局特征。PC-CNN II 每一层的具体参数设置如表 6.4 所示。

**表 6.4　PC-CNN II 模型网络结构详解(其中连接层突出显示)**

| 层类型 | 输入 | 输出通道数 | 卷积核 | 步长 | 对齐方式 | 输出 |
|---|---|---|---|---|---|---|
| Conv1 | [24,4096,9,1] | 64 | [3,3,1,64] | [1,1,3,1] | VALID | [24,4096,3,64] |
| Conv2, Conv3 | [24,4096,3,64] | 64 | [3,3,64,64] | [1,1,1,1] | SAME | [24,4096,3,64] |
| MaxPooling 1 | [24,4096,3,64] | — | [1,4096,3,1] | [1,1,1,1] | — | [24,1,1,64] |
| Conv4, Conv5 | [24,4096,3,64] | 128 | [3,3,64,128] | [1,1,1,1] | SAME | [24,4096,3,128] |
| MaxPooling 2 | [24,4096,3,128] | — | [1,4096,3,1] | [1,1,1,1] | — | [24,1,1,128] |
| **Concat1** (MaxPooling1, MaxPooling2) | [24,1,1,64] [24,1,1,128] | — | — | — | — | [24,1,1,192] |
| Conv6 | [24,4096,3,128] | 1024 | [3,3,128,1024] | [1,1,3,1] | SAME | [24,4096,1,1024] |
| MaxPool3 | [24,4096,1,1024] | — | [1,4096,1,1] | [1,1,1,1] | — | [24,1,1,1024] |
| **Concat2** (Concat1, MaxPooling 3) | [24,1,1,192] [24,1,1,1024] | — | — | — | — | [24,1,1,1216] |
| Reshape | [24,1,1,1216] | — | — | — | — | [24,1216] |
| FCL1 | [24,1216] | — | — | — | — | [24,512] |
| FCL2 | [24,512] | — | — | — | — | [24,256] |
| Reshape | [24,256] | — | — | — | — | [24,1,1,256] |
| **Concat3** (Conv6, FCL2) | [24,4096,1,1024] [24,1,1,256] | — | — | — | — | [24,4096,1,1280] |
| Conv7 | [24,4096,1,1280] | 1024 | [3,1,1280,1024] | [1,1,1,1] | SAME | [24,4096,1,1024] |
| Conv8 | [24,4096,1,1024] | 512 | [3,1,1024,512] | [1,1,1,1] | SAME | [24,4096,1,512] |
| Conv9 | [24,4096,1,512] | 256 | [3,1,512,256] | [1,1,1,1] | SAME | [24,4096,1,256] |
| Dropout | [24,4096,1,256] | — | 0.7 | — | — | [24,4096,1,256] |
| Conv10 | [24,4096,1,256] | 13 | [3,1,256,13] | [1,1,1,1] | SAME | [24,4096,1,13] |
| Squeeze | [24,4096,1,13] | — | — | — | — | [24,4096,13] |

2. Batch Normalization 和 ReLU

深度神经网络在进行非线性变换前激活输入值($y = wx + b$)。对于其整体分布，在训练过程中或层数加深时会逐渐往非线性函数的取值区间的上下限靠近，以 sigmoid 为例，则意味着 $wx + b$ 是大的正值或负值，导致后向传播时低层神经网络的梯度逐渐消失，最终导致深度神经网络的收敛速度越来越慢。文献[15]提出将各层数据进行标准化(或称归一化)。由于对包括隐层在内的各层均进行标准化，将标准化作为模型体系结构的一部分，并对每一个训练小批量(batch)进行标准化，故称为批量标准化。

批量标准化首先通过一定规范化手段，把每层神经网络中的任一神经元逐渐向非线性函数映射。映射后把向取值区间饱和区域逼近的输入分布转换为标准正态分布，使得非线性映射函数的输入值进入比较敏感的区间。可保证梯度一直维持合适的大小，以避免梯度消失。梯度增大意味着训练收敛速度变快，能大大缩短训练时间。批量标准化对训练速度加快的作用主要表现在三个方面：一是对网络模型中各层和各维度的尺度进行了规范化，因此可以统一使用较高的学习率，而不必迁就小尺度的维度；二是参数的初始化可以更加随意；三是归一化可确保足够多的权值分界面落在训练数据中，降低了过拟合的风险，因此如 Dropout 和权值衰减等防止过拟合但会降低速度的方法可以不使用或者降低其权值。

对于激活函数的引入，由于真实场景中的点云线性不可分，采用了非线性激活函数 ReLU 来进行变换。本章提出的 PC-CNN I 和 PC-CNN II 两个模型中各层的输入均进行了批量标准化和 ReLU 预处理，其示意图如图 6.3 所示。

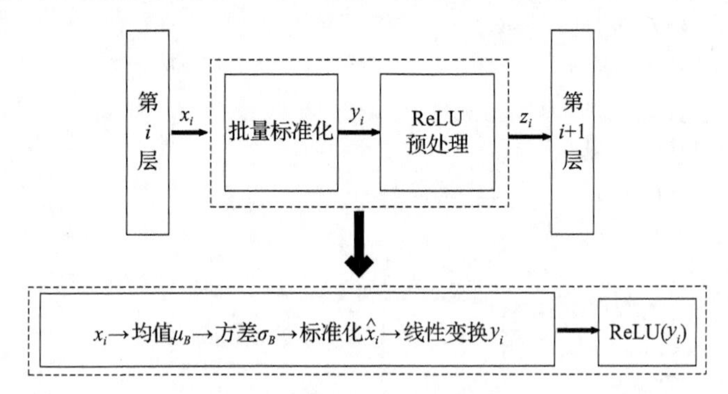


图 6.3　每层输入值批量标准化与 ReLU 处理示意图

输入为一个批量的值 $B=\{x_{1,2,\cdots,m}\}$，则每个批量内所有点云的均值、方差、标准化和线性变换的公式分别如式(6.1)～式(6.4)所示：

$$\mu_B=\frac{1}{m}\sum_{i=1}^{m}x_i \tag{6.1}$$

$$\sigma_B^2=\frac{1}{m}\sum_{i=1}^{m}(x_i-\mu_B)^2 \tag{6.2}$$

$$\hat{x}_i=\frac{x_i-\mu_B}{\sqrt{\sigma_B^2+\varepsilon}} \tag{6.3}$$

$$y_i=\gamma\hat{x}_i+\beta\equiv BN_{\gamma,\beta}(x_i) \tag{6.4}$$

每个神经元的激活函数输入形成均值为 0、方差为 1 的正态分布后，会导致网络表达能力下降，而式(6.4)的作用就是为了防止这一点，其中新增的两个参数 $\gamma$ 和 $\beta$ 是通过训练获得的，两者被用于对变换后的激活函数输入值进行逆变换，可有效增强网络表达能力。

3. 局部特征与全局特征的融合方式

PC-CNN I 和 PC-CNN II 两个模型中使用连接操作将局部特征与全局特征进行融合，该融合方式将点云中对各个点的顺序操作转换成分布式，以充分利用可用的 GPU 和 CPU 计算资源，TensorFlow 自动检测，不需要显式指定使用 CPU 还是 GPU，如果检测到 GPU，那么 TensorFlow 会利用找到的第一个 GPU 来执行操作，这种方式加快了高维度海量点云的处理速度。以 PC-CNN I 网络结构为例，式(6.5)为局部特征与全局特征的融合方式，首先得到第 6 个卷积层(Conv6)的输出和第 2 个全连接层(FC2)的输出，然后通过连接操作将两者进行融合。

```
Conv6= tf_util.conv2d(net, 1024, [3,3], padding='SAME', stride=[1,3], bn=True,
                      is_training=is_training, scope='conv6', bn_decay=bn_decay)
FC2 = tf_util.fully_connected(pc_feat1, 128, bn=True,is_training=is_training,
                              scope='fc2', bn_decay=bn_decay)
Concat = tf.concat(axis=3, values=[Conv6, fc2])
```

(6.5)

### 6.3.3 输入点集的顺序对网络性能的影响

为了使模型对输入点集的顺序保持不变，主要采用三种策略(按某种规则对输入点集排序、将输入视为序列、使用对称函数聚集点特征)，其中排序是一个简单的解决方案。PointNet 指出，在高维空间中，实际上并不存在一种对点扰动的一般意义上的稳定排序，但“OrderMatters”[16]指出输入点集的顺序确实重要，不能完全忽略。

基于 CNN 的一系列方法在图像识别中已经取得了巨大成功，其关键原因就是 CNN 能够很好地捕捉数据的空间局部特征。从数学角度分析，CNN 中的卷积操作本质上是将输入进行加权求和，其结果依赖输入的顺序，即 $s(a,b)$ 通常不等于 $s(b,a)$，如式(6.6)所示：

$$\begin{cases} s(a,b) = (\boldsymbol{w} \times \boldsymbol{x})(a,b) = \mathrm{Conv}((\boldsymbol{w}_m, \boldsymbol{w}_n), (\boldsymbol{x}_a, \boldsymbol{x}_b)^{\mathrm{T}}) \\ s(b,a) = (\boldsymbol{w} \times \boldsymbol{x})(b,a) = \mathrm{Conv}((\boldsymbol{w}_m, \boldsymbol{w}_n), (\boldsymbol{x}_b, \boldsymbol{x}_a)^{\mathrm{T}}) \end{cases} \tag{6.6}$$

特别地，对于 $s(a,b,c,d)$，若 $a$ 被 $e$ 替换掉，且 $e$ 顺序在 $d$ 之后，则替换后的

结果 $s(b,c,d,e)$ 通常会和 $s(a,b,c,d)$ 有巨大的差异，如式(6.7)所示：

$$\begin{cases} s(a,b,c,d) = (\boldsymbol{w} \times \boldsymbol{x})(a,b,c,d) = \mathrm{Conv}((\boldsymbol{w}_m, \boldsymbol{w}_n, \boldsymbol{w}_o, \boldsymbol{w}_p),(\boldsymbol{x}_a, \boldsymbol{x}_b, \boldsymbol{x}_c, \boldsymbol{x}_d)^{\mathrm{T}}) \\ s(b,c,d,e) = (\boldsymbol{w} \times \boldsymbol{x})(b,c,d,e) = \mathrm{Conv}((\boldsymbol{w}_m, \boldsymbol{w}_n, \boldsymbol{w}_o, \boldsymbol{w}_p),(\boldsymbol{x}_b, \boldsymbol{x}_c, \boldsymbol{x}_d, \boldsymbol{x}_e)^{\mathrm{T}}) \end{cases} \tag{6.7}$$

因此，CNN 中的卷积操作对数据输入的顺序敏感，对于无序数据，则较难提取到有效的特征。由于卷积操作本身的有序性，而点云又具备无序的特点，PointCNN[14]提出了 *X*-Conv 操作，采用 KNN 选取邻近点进行卷积，将点的坐标信息处理后添加到特征中作为它的一部分。

若使逻辑上相邻的点在物理存储空间也相邻，即按照某一属性将点云进行排序，使其在某种规则下变得有序，则提高网络对三维模型的局部特征提取能力。顺序可以独立于输入数据，而只依赖编码规则，或者输入点集根据一个属性(如三维坐标)进行排序。本章采用两种方法：①数据预处理，按照三维坐标将输入点集重新排序；②创建 KD 树索引对无序点云重新组织。6.4 节通过实验对比在无序、按三维坐标排序、按 KD 树排序三种情况下语义分割的效果，以表明输入点集的顺序会影响三维卷积神经网络的学习性能。

## 6.4 实验结果与分析

本章实验使用的 S3DIS 室内语义分析三维点云数据集，为 Stanford 2D-3D-S 的一个子集，该数据集通过 Matterport 扫描仪在 6 座楼宇中采集而来，共包含 271 个房间，每个点都有一个语义标注信息，主要有 13 个语义类：天花板、地面、墙面、梁、圆柱、窗户、门、桌子、椅子、沙发、书柜、面板及其他。

模型训练时采用adam优化器，初始学习率learning_rate = 0.001，动量momentum = 0.9，批量 batch_size = 24，延迟率 delay_rate = 0.5，延迟步长 delay_step = 300000，最大迭代次数 max_epoch = 51。将 S3DIS 按区域划分为 Area1～Area6 共六个区域，首先采用 Area6 单一区域验证方法，Area1～Area5 作为训练集，Area6 作为验证集；然后采用 6-fold 交叉验证方法，每次选取其中五个作为训练集，剩余一个作为测试集。使用单块 INVIDIA TitanX 12G GPU，模型 PC-CNN I 和 PC-CNN II 训练分别耗时 11h 和 23h。PointNet 模型使用 GTX1080 GPU 训练了 12h，PointNet++耗时远远超出 23h。

6.4.1 节简述实验平台。6.4.2 节给出评价标准。6.4.3 节详细展示模型的实验结果，采用 6-fold 交叉验证方法在 S3DIS 数据集与 PointNet 和 PointCNN 进行对比，包括六个区域上每个语义类的 mIoU；在训练集上比较两种排序(按三维坐标排序、按 KD 树排序)方法对分割效果的影响。6.4.4 节通过可视化展示模型性能。

6.4.5 节对实验结果进行分析。

### 6.4.1　实验平台

本节使用的实验平台为：Ubuntu 14.04，CUDA 8.0 和 cuDNN 5.1，Python 3.4.3，TensorFlow 1.0.1，开发环境是 PyCharm，对训练过程的可视化采用 TensorFlow 提供的可视化组件 TensorBoard 0.1.8。

TensorFlow 包含的 TensorBoard 可视化组件，可使得 TensorFlow 程序易于理解、容易调试以及便于优化，进而加快训练与调优速度。当使用 TensorFlow 训练深度神经网络时，可以跟踪神经网络整个训练过程中的信息，如每次循环参数更新后模型在测试集与训练集上的准确率的变化趋势、学习率的调整情况、损失值的变化等。本章主要利用该工具为 PC-CNN I 和 PC-CNN II 模型展现训练和测试过程中的 TensorFlow 图像，绘制图像生成的定量指标图以及计算图，包括精度(accuracy)、衰减率(bn_decay)、学习率(learning_rate)和损失(loss)四个标量图，如图 6.4 所示。

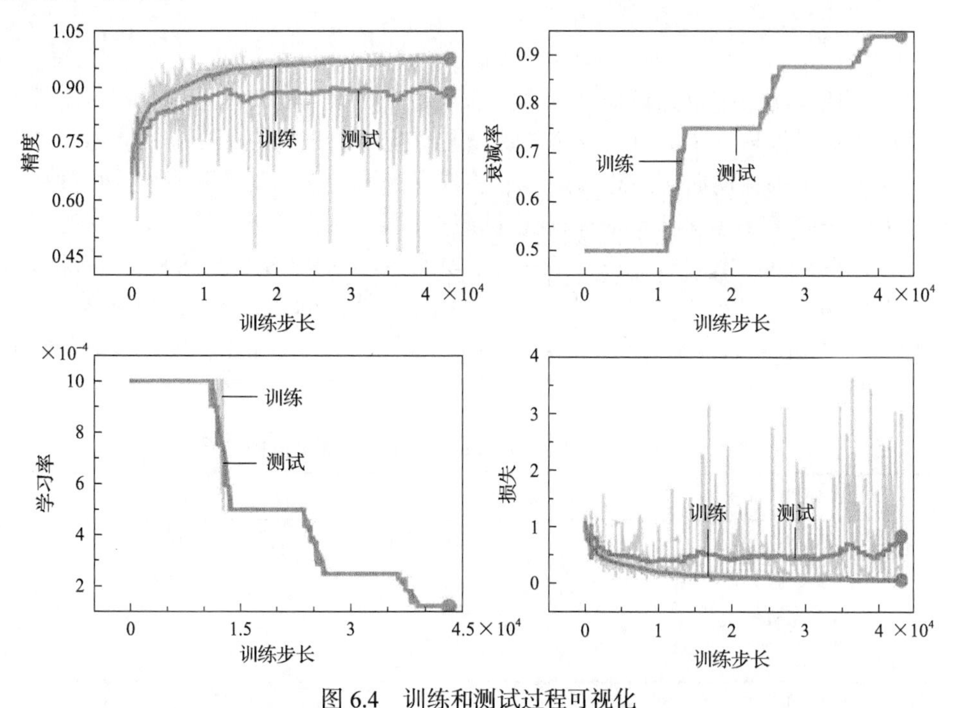


图 6.4　训练和测试过程可视化

### 6.4.2　评价指标

本章采用的评价指标有每个语义类的交集与并集之比 IoU、平均交集与并集之比 mIoU 和总体分割精度 OA。在语义分割的问题中，IoU 具体表示模型分割的目标区域与真实标注中该语义类区域的交叠率，即分割结果与真实标注的交集除以它们的并集，先求每一类的 IoU，再求所有类的平均，计算公式分别如式(6.8)、式(6.9)所示。总体分割精度是模型在所有测试集上预测正确的数量与总体数量的比值。

$$\mathrm{IoU} = \frac{\mathrm{TP}}{\mathrm{TP+FP+FN}} \tag{6.8}$$

$$\mathrm{mIoU} = \frac{1}{k+1}\sum_{i=0}^{k}\mathrm{IoU}_i \tag{6.9}$$

式中，TP、FP 和 FN 分别表示“标注为正样本，也被分割为正样本”“标注为负样本，而被分割为正样本”和“标注为负样本，也被分割为负样本”；$k$+1 表示类别数，从 0 到 $k$ 其中包含一个其他类(背景类)。

### 6.4.3　网络体系结构验证

1. Area6 区域验证

对大规模的三维点云数据进行语义分割是一项艰巨的工作，很少有深度神经网络能够直接处理这类数据。通常的做法是首先随机采样点云以获得稀疏子集，然后使用一组稀疏的关键点进行训练、验证和测试。在本节实验中，采用随机在每个数据块中采样 4096 个点进行模型训练的策略，以验证使用 Area6 所有的点。

首先将本章提出的两个卷积神经网络模型 PC-CNN I 和 PC-CNN II 与 PointNet 在 S3DIS 数据集 Area6 区域上进行对比，使用的评价标准为 mIoU 和总体分割精度 OA，比较结果如表 6.5 所示，可以看出，本章提出的两个模型的语义分割性能均优于 PointNet 模型，mIoU 和 OA 分别提高了 4.04%和 2.12%。

**表 6.5　在 S3DIS 数据集 Area6 区域上的语义分割结果**

| 模型 | mIoU/% | OA/% |
|---|---|---|
| PointNet | 64.01 | 86.01 |
| PointNet++ | — | — |
| PC-CNN I | **68.63** | 88.01 |
| PC-CNN II | 68.05 | **88.13** |

注：最优结果加粗显示。

为节省训练时间，本实验采用模型 PC-CNN I。为验证输入点集的顺序对网络模型学习性能的影响，本节做了大量实验，首先使用未排序点云对模型进行训练，结果如表 6.6 第一行所示。然后创建 KD 树索引结构对三维点云进行重新组织，按照 KD 树叶子节点遍历的顺序对点云进行排序，使用排序后的点集训练原始模型 PC-CNN I，结果如表 6.6 第二行所示，与未排序的训练结果相比，分割精度稍有提高。接着将三维点云依次沿 $x$ 轴、$y$ 轴、$z$ 轴进行排序，用排序后的点云再重新训练原始模型 PC-CNN I(由于原始训练数据按房间分割，对每个文件进行排序速度很快)，结果如表 6.6 第三行所示，表明平均损失(mean loss, ML)减少了约 3.03%，总体精度 OA 提高了约 1.14%。

**表 6.6　在 S3DIS 数据集 Area1～Area5 上不同输入顺序的语义分割结果**

| 排序规则 | ML/% | OA/% |
|---|---|---|
| Unsorted | 8.9840 | 96.6803 |
| KD 树 | 8.8964 | 96.7164 |
| Sorted | **5.9525** | **97.8237** |

为验证卷积核大小对分割效果的影响，首先将 PC-CNN I 模型的卷积核大小设置为 3×1，在 S3DIS 测试集上 mIoU 为 67.50%，OA 为 88.01%。然后把卷积核大小调整为 3×3，其他网络模型参数保持不变，再次在 S3DIS 测试集上进行验证，OA 保持不变，而 mIoU 提升到 68.63%，如表 6.7 所示。

**表 6.7　不同卷积核大小对分割效果的影响**

| 卷积核大小 | mIoU/% | OA/% |
|---|---|---|
| 3×1 | 67.50 | 88.01 |
| 3×3 | **68.63** | 88.01 |

为进一步验证 PC-CNN I 模型的性能，将每个类别的 mIoU 评分与 PointNet 依次进行比较，如表 6.8 所示。结果显示，其中 11 类三维物体的 mIoU 得到了提高，尤其是圆柱、桌子、沙发、书柜和面板这几类性能提高显著，例如，圆柱提高了 11.47%。

**表 6.8　Area6 每个语义类的分割结果(评价标准为 IoU)**　(单位：%)

| 模型 | PointNet | PC-CNN I |
|---|---|---|
| 天花板 | 91.60 | **93.09** |
| 地面 | 97.45 | **97.52** |
| 墙面 | 73.23 | **78.23** |
| 梁 | 63.28 | **64.66** |
| 圆柱 | 40.90 | **52.37** |
| 窗户 | **69.42** | 69.29 |
| 门 | 79.32 | **80.86** |

续表

| 模型 | PointNet | PC-CNN I |
|---|---|---|
| 桌子 | 66.99 | **71.51** |
| 椅子 | 65.19 | **68.59** |
| 沙发 | 22.46 | **36.01** |
| 书柜 | 57.76 | **64.33** |
| 面板 | 50.30 | **57.74** |
| 其他 | 54.17 | **58.02** |
| mIoU | 64.01 | 68.63 |

2. 6-fold 交叉验证

文献[17]中提出采用 k-fold 策略进行训练和测试，文献[18]提出采用与文献[17]相同的评价标准，在所有的区域上采用 6-fold 交叉验证。S3DIS 数据集是在 6 个区域(Area1～Area6)上获取的点云数据集，6-fold 交叉验证策略是指把数据集按区域进行划分，共分为 6 个区域，每次选取其中 5 个区域作为训练集，剩下的 1 个区域作为测试集，该过程循环 6 次，把 6 次测试的结果进行平均。交叉验证对于防止模型只适用于某一特定数据集非常有效，可验证模型是否对特殊情况下获取的数据集过拟合，即验证模型的鲁棒性。

本节采用与文献[19]和文献[20]相同的评估标准，使用 6-fold 交叉验证方法评估本章提出的两个深度卷积神经网络的有效性和鲁棒性。PC-CNN I 模型分别在 6 个区域 Area1～Area6 上进行测试，每个区域被标注为 13 个语义类的详细情况列于表 6.9 中，PC-CNN I 与 PointNet 和 G+RCU 在每个语义类上的 mIoU 对比情况见表 6.10，其中 PointNet 和 G+RCU 的结果详见文献[13]，整体分割情况对比如表 6.11 所示，结果表明 PC-CNN I 模型的语义分割效果最优。

**表 6.9　Area1～Area6 六个测试集每个语义类的 IoU 对比情况**　(单位：%)

| 语义类 | 测试集 | | | | | |
|---|---|---|---|---|---|---|
| | Area1 | Area2 | Area3 | Area4 | Area5 | Area6 |
| 天花板 | 94.09 | 84.54 | 93.04 | 88.46 | 90.23 | 93.09 |
| 地面 | 94.01 | 55.24 | 98.37 | 97.57 | 97.96 | 97.52 |
| 墙面 | 74.82 | 69.96 | 75.39 | 73.84 | 72.77 | 78.23 |
| 梁 | 59.13 | 14.21 | 49.76 | 0.0 | 0.28 | 64.66 |
| 圆柱 | 45.04 | 9.03 | 27.93 | 29.80 | 9.93 | 52.37 |

续表

| 语义类 | 测试集 | | | | | |
|---|---|---|---|---|---|---|
| | Area1 | Area2 | Area3 | Area4 | Area5 | Area6 |
| 窗户 | 75.21 | 30.57 | 32.83 | 24.65 | 47.28 | 69.29 |
| 门 | 76.60 | 50.99 | 76.96 | 61.37 | 24.75 | 80.86 |
| 桌子 | 59.47 | 36.60 | 61.74 | 49.69 | 60.81 | 71.51 |
| 椅子 | 57.19 | 17.27 | 67.69 | 57.27 | 61.63 | 68.59 |
| 沙发 | 22.23 | 10.49 | 15.60 | 3.66 | 11.74 | 36.01 |
| 书柜 | 40.43 | 24.33 | 60.43 | 31.82 | 50.94 | 64.33 |
| 面板 | 42.15 | 3.55 | 48.68 | 26.38 | 30.76 | 57.74 |
| 其他 | 57.26 | 21.95 | 60.35 | 44.26 | 39.03 | 58.02 |
| mIoU | 63.15 | 32.98 | 59.13 | 45.28 | 46.01 | 68.63 |

**表 6.10　S3DIS 每个语义类的 mIoU 对比**　　（单位：%）

| 模型 | PointNet [11] | G+RCU [13] | PC-CNN I |
|---|---|---|---|
| 天花板 | 88.0 | 90.3 | **90.58** |
| 地面 | 88.7 | **92.1** | 90.11 |
| 墙面 | 69.3 | 67.9 | **74.17** |
| 梁 | 42.4 | **44.7** | 31.34 |
| 圆柱 | 23.1 | 24.2 | **29.02** |
| 窗户 | 47.5 | **52.3** | 46.64 |
| 门 | 51.6 | 51.2 | **61.92** |
| 桌子 | 54.1 | **58.1** | 56.64 |
| 椅子 | 42.0 | 47.4 | **54.94** |
| 沙发 | 9.6 | 6.9 | **16.62** |
| 书柜 | 38.2 | 39.0 | **45.38** |
| 面板 | 29.4 | 30.0 | **34.87** |
| 其他 | 35.2 | 41.9 | **46.81** |
| mIoU | 47.6 | 49.7 | **52.53** |

**表 6.11　不同模型在 S3DIS 数据集上的分割效果对比**

| 模型 | mIoU/% | OA/% |
|---|---|---|
| PointNet [11] | 47.6 | 78.5 |
| PointNet++ [12] | — | — |
| G+RCU [13] | 49.7 | 81.8 |
| PC-CNN I | **52.53** | **81.95** |

### 6.4.4　分割效果

与 PointNet 相比，PC-CNN I 能够更好地获取不同尺寸的几何特征，这对于理解多层次的场景和标注不同大小的对象非常重要，示例场景分割结果可视化如图 6.5 所示。第一行，PC-CNN I 模型对沙发、椅子和墙面的识别效果明显优于 PointNet，PointNet 模型把部分沙发误判为椅子，墙面的识别效果也很差；第二行，PointNet 对位于右侧的桌子分割效果较差，右上角圆柱没有正确分割，以圆圈、方框标出。

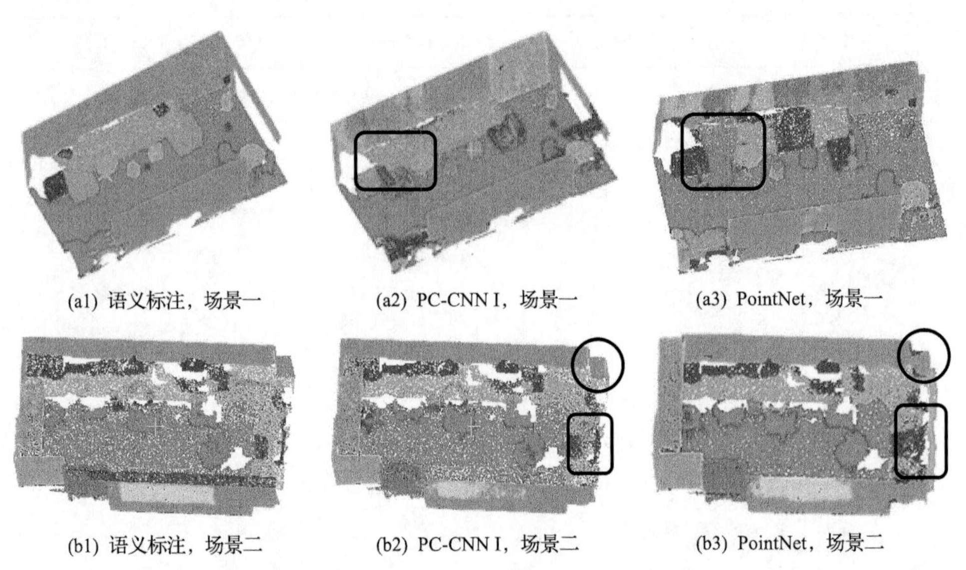

(a1) 语义标注，场景一　(a2) PC-CNN I，场景一　(a3) PointNet，场景一

(b1) 语义标注，场景二　(b2) PC-CNN I，场景二　(b3) PointNet，场景二

图 6.5　PC-CNN I 与 PointNet 的分割效果对比

下面将 PC-CNN I 在区域 Area6 上的分割结果进行可视化显示。图 6.6 为测试集的全景效果图，共包括 1 间会议室、1 间复印室、6 个门厅、1 间休息室、37 间办公室、1 个开放区域和 1 间餐具室。

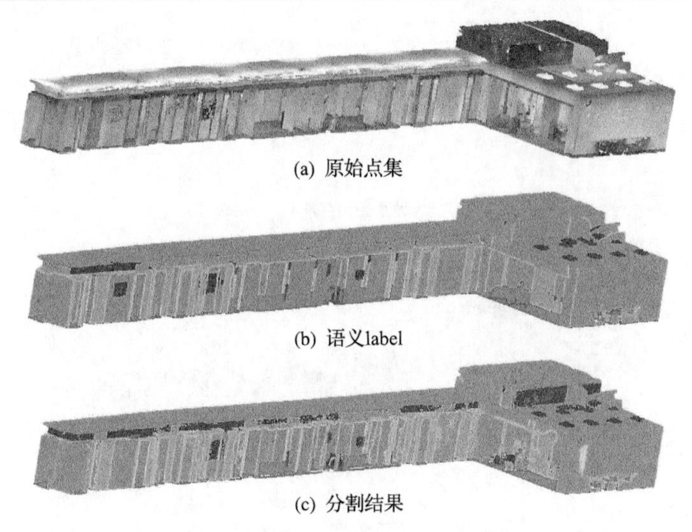

(a) 原始点集

(b) 语义label

(c) 分割结果

图 6.6　S3DIS 数据集全景分割效果

### 6.4.5　结果分析

与 PointNet 相比，本章提出的两个深度卷积神经网络模型的分割效果有明显提高，训练过程中在精度和损失方面的比较如图 6.7 所示。PC-CNN I 模型精度提高、损失下降主要有四个方面原因：①增加了卷积层数，网络结构加深增强了模型的表达能力，可更好地提取三维点云的结构特征；②使用大的卷积核，对于二维 CNN，较小的卷积核有助于提高学习效率，但是该特性不适用于三维点云，本章实验也验证了这一规律，PointNet 模型的卷积核大小为 filter_size=1×1，PC-CNN I 模型的卷积核大小为 filter_size=3×3；③改变了 padding 方式，PC-CNN I

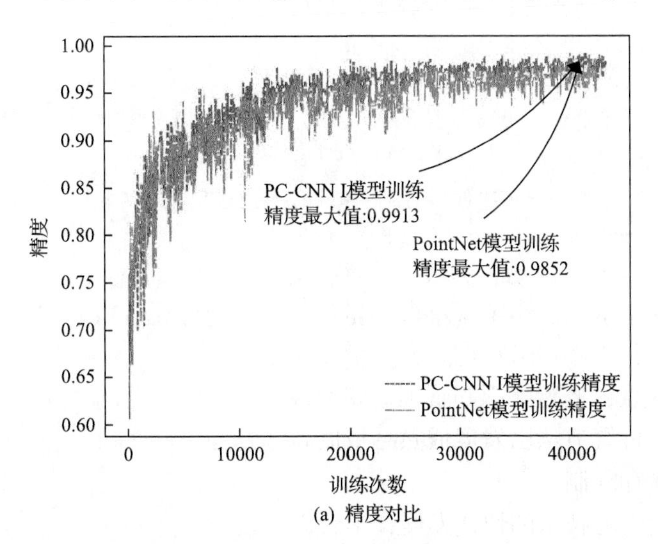


(a) 精度对比

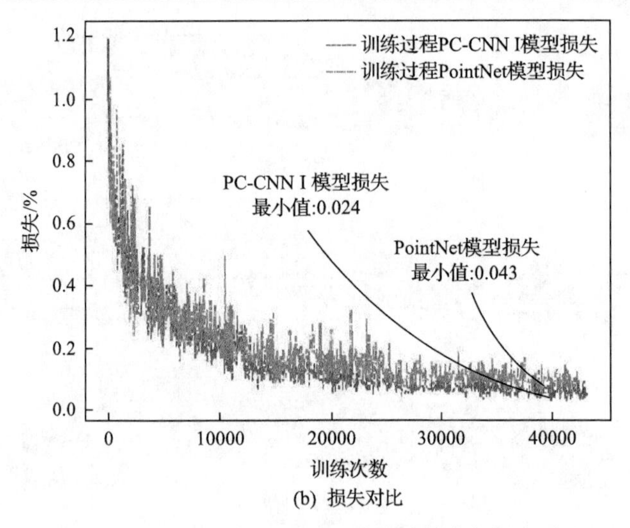


(b) 损失对比

图 6.7　PC-CNN I 与 PointNet 的训练精度与损失对比

模型除第一个卷积层之外其余各个卷积层超参数 padding= ‘SAME’，而 PointNet 中 padding= ‘VALID’，通过在左、右两边填充零，能更好地分割边界点；④改变了输入点云的顺序，也有助于提高分割效果。图 6.7 中的曲线表明，PC-CNN I 模型的性能优于 PointNet。

在 PC-CNN I 模型的基础上，PC-CNN II 模型增加了两个最大池化层，可以更好地提取三维场景全局特征，同时最大池化层作用在卷积层之后，对卷积结果下采样，减少了需要调整的参数。通过将局部特征和全局特征融合三次（图 6.2），网络能够更好地预测依赖局部几何和全局语义的点特征。由于 PC-CNN II 模型的训练时间较长，在对比实验中主要采用了 PC-CNN I 模型。

## 参 考 文 献

[1] Alvarez J M, Gevers T, LeCun Y, et al. Road scene segmentation from a single image[C]//European Conference on Computer Vision, Springer, 2012.

[2] Ros G, Alvarez J M. Unsupervised image transformation for outdoor semantic labelling[C]//IEEE Intelligent Vehicles Symposium（IV）, Seoul, 2015.

[3] Ros G, Ramos S, Granados M, et al. Vision-based offline-online perception paradigm for autonomous driving[C]//IEEE Winter Conference on Applications of Computer Vision, Hawaii, 2015.

[4] Zhang R, Candra S A, Vetter K, et al. Sensor fusion for semantic segmentation of urban scenes[C]//IEEE International Conference on Robotics and Automation（ICRA）, Washington, 2015.

[5] Quadros A, Underwood J P, Douillard B. An occlusion-aware feature for range images[C]//IEEE International Conference on Robotics and Automation, Saint Paul, 2012.

[6] Geiger A, Lenz P, Stiller C, et al. Vision meets robotics: The kitti dataset[J]. The International Journal of Robotics Research, 2013, 32(11): 1231-1237.

[7] Armeni I, Sax S, Zamir A R, et al. Joint 2d-3d-semantic data for indoor scene understanding [EB/OL]. https://www.doc88.com/p-1357435433111.html?r=1[2017-02-15].

[8] Hackel T, Savinov N, Ladicky L, et al. Semantic3d. net: A new large-scale point cloud classification benchmark[EB/OL]. https://www.doc88.com/p-7405651796273.html?r=1[2017-04-20].

[9] Huang J, You S. Point cloud labeling using 3D convolutional neural network[C]//The 23rd International Conference on Pattern Recognition (ICPR), Cancun, 2016.

[10] Li B. 3D fully convolutional network for vehicle detection in point cloud[C]//IEEE/RSJ International Conference on Intelligent Robots and Systems (IROS), Vancouver, 2017.

[11] Qi C R, Su H, Mo K, et al. Pointnet: Deep learning on point sets for 3D classification and segmentation[C]//IEEE Conference on Computer Vision and Pattern Recognition, Honolulu, 2017.

[12] Qi C R, Yi L, Su H, et al. Pointnet++: Deep hierarchical feature learning on point sets in a metric space[EB/OL].https://xueshu.baidu.com/usercenter/paper/show?paperid=32cc4e6e6e8b04ebbbab02912f11423b[2017-06-07].

[13] Engelmann F, Kontogianni T, Hermans A, et al. Exploring spatial context for 3D semantic segmentation of point clouds[C]//IEEE International Conference on Computer Vision Workshops, Venice, 2017.

[14] Li Y, Bu R, Sun M, et al. Pointcnn: Convolution on x-transformed points[J]. Advances in Neural Information Processing Systems, 2018, 31: 820-830.

[15] Ioffe S, Szegedy C. Batch normalization: Accelerating deep network training by reducing internal covariate shift[C]//International Conference on Machine Learning, Lille, 2015.

[16] Vinyals O, Bengio S, Kudlur M. Order matters: Sequence to sequence for sets[EB/OL]. https://www.docin.com/p-1730779261.html[2016-09-09].

[17] Hough P V C. Method and means for recognizing complex patterns: U.S. Patent 3,069,654[P]. 1962-12-18.

[18] 冯帅. 影像匹配点云与机载激光点云的比较[J]. 地理空间信息, 2014, 12(6): 82-83.

[19] Yang B, Dong Z, Liang F, et al. Automatic registration of large-scale urban scene point clouds based on semantic feature points[J]. ISPRS Journal of Photogrammetry and Remote Sensing, 2016, 113: 43-58.

[20] 赵永科. 深度学习：21 天实战 caffe[M]. 北京：电子工业出版社, 2016.

# 第 7 章　总结与展望

复杂三维场景中多态目标的分类、检测和语义分割是计算机视觉的三大核心问题，其中场景语义分割的难度最大，属于点级或像素级的分类，其目标是为每个点(包括二维图像中的像素、三维点云中的点等)赋予一个语义标注。同时，语义分割是三维场景语义分析与解译的重要前提，在无人驾驶、高精地图、智慧城市等重大需求的推动下，已成为遥感、导航、人工智能、地球科学等多个领域的重大研究课题，吸引国内外越来越多的学者、研究人员将其作为研究方向。三维激光扫描仪以其稳定的三维环境感知能力已成为语义场景分析的重要设备，其获取的三维点云由于具有被测场景物体表面丰富的语义信息(三维坐标、反射强度、颜色等)，成为用来分析和解译三维自然场景的主要数据类型。同时，点云的高密度、高精度、海量、散乱、无结构等特性也给后续的数据存储、组织管理和语义解译等带来了新的挑战。另外，重叠、遮挡现象严重，点云数据不完整或存在缺失，自然场景中变化的三维目标尺寸、复杂且不完整的结构以及变化的点密度等，都增大了三维场景点云语义分割的难度。近年来，国内外许多学者虽对此进行了深入研究并取得了一定的研究进展，但是三维目标特征存在描述能力不足的问题，而传统方法又过度依赖人工定义的特征，使得分割的效果无法满足应用需求，阻碍了传统语义分割技术的迅速发展。因此，研究高效、自动化程度高的三维场景语义分割技术对进一步推动广义点云技术的发展及其三维点云数据在各个领域的应用具有重要的理论意义与应用价值。

本书主要基于激光点云对复杂场景三维目标语义分割技术进行研究，对复杂场景三维点云数据的快速处理以及三维目标智能化、高鲁棒分割技术的研究起到了重要的推动作用。同时，为激光点云数据在无人驾驶、智慧城市、全球制图等领域的应用提供了重要的技术支持。

复杂三维动态场景多维目标的语义分割技术的研究仍有诸多难点有待解决，尤其是近年来深度学习研究的突破性进展为语义分割技术的发展带来了难得的机遇，同时也使其面临着巨大的挑战。受深度学习在二维图像分割方面取得的突破性进展的启发，第 5 章融合了二维图像与三维点云，采用深度学习的方法进行分割，效果显著。第 6 章将深度学习直接用于三维点云进行场景语义分割，取得了良好的分割效果，这是目前计算机视觉与遥感影像领域的一个研究热点，同时也是一个难点。基于点云的语义分割还有很多关键技术有待于进一步研究和探索，主要包括如下方面。

1) 三维点云数据的组织方式

由于三维点云的无结构、离散特性，有关海量点云的高效数据组织与管理方式有待进一步推进。本书所提出的 Kd-OcTree 混合索引提高了点云搜索的速度、减少了存储空间、提高了对自然场景中三维目标的感知能力，但该方法还有一定的提升空间，如在构建全局 KD 树时，关于分割维度的选择以及分割面的确定方法等。

2) 自然场景中某一地物目标自动、快速提取方法研究

建筑物是自然场景中最基本、最重要的构成成分，基于三维激光点云提取建筑物特征一直以来也是摄影测量与遥感、计算机视觉、图形图像处理等领域关注的重点。5.3.3 节致力于提高某一地物目标特征提取的自动化程度，以建筑物为对象进行研究，提出的 FC-GHT 法自动化程度虽得到了提高，但仍依赖手工设计的阈值，没有完全实现自然场景三维目标的智能化分析和解译。目前，基于深度学习的方法均将自然场景的多类目标进行分割，且只有全局特征，无法进行局部精细特征提取，不适用于建筑物等目标的分割。设计自然场景中建筑物精细标注数据集，构造适用于这一语义类别的特征描述模型是一个很有意义的研究方向，并且能够促进对三维场景中特定目标提取的研究。

3) 融合二维图像与三维点云的深度学习语义分割方法研究

由于像素点之间等距有序地排列，深度学习已在二维图像分类、检测、识别和分割方面表现出极大的潜力，且目前无论是在无人驾驶领域，还是在全球制图领域，在数据采集时均是通过多种传感器同时获取多种类型数据，通常包括二维图像。因此，基于二维图像的三维场景语义分割仍具有很大的研究价值，同时也面临很多技术难题：①类内物体之间的差异和类间物体之间的相似性，如两个目标都是“狗”，有可能品种的不同造成外观上千差万别；或者一个是“狼”，一个是“狗”，虽隶属于不同的语义，但外观上有可能非常相似。②真实三维场景的背景非常复杂，含有多个语义类别，增大了图像语义分割的难度。③拍摄距离不同造成不同尺寸目标的分割。④拍摄角度不同造成不同程度的重叠、遮挡及数据不完整。

4) 基于原始点云的深度学习语义分割方法研究

基于三维点云的深度学习语义分割方法的研究才刚刚开始，有很多技术难点有待研究和探索：①公开的三维点云数据集较少，三维点云数据集样本库的建立是亟待解决的难题；②适用于三维点云特征学习的深度卷积神经网络模型的构建是有待研究的重点与难点，关键是如何设计三维神经网络结构使其适用于三维激光点云数据；③三维点云场景某一种或某几种语义类别的精细分割；④被测物体与扫描点直接距离不同造成点云密度不均匀的问题，加大了场景分割的难度，尤其是针对稀疏点云场景的语义分割问题难度更大；⑤伴随点云高精度、海量等优

势的是数据的高冗余，因此下一步研究中需考虑如何对点云进行预处理(如采样)，从有限的点云中高效提取目标特征，减少 GPU、CPU 内存消耗，改善深度学习语义分割模型特征学习的效果；⑥与其他领域的交叉融合，拓展三维点云在大规模复杂场景语义分析和解译中的应用；⑦深度卷积神经网络是实现深度学习的一种技术，考虑使用深度学习的其他技术(如目前流行的图卷积)来解决三维点云的场景分割是值得探索的一个方向；⑧第 5 章和第 6 章设计的基于深度学习的语义分割网络模型均属于监督学习范畴，设计无监督学习或强化学习网络模型，进一步提高三维点云语义分割的智能化程度是未来研究的重点和难点。

5) 规范化的数据集标注方法

目前，对二维图像和三维点云的语义标注方法主要分为三大类：①手工标注；②先利用语义分割模型进行粗标，再手工辅助进行精细化处理；③众包。目前，数据集的标注方法不统一，不同数据集采用不同的数据表示方式和文件存储格式，导致后期用户使用多个数据集对模型进行训练、验证或测试时，在数据预处理阶段耗费大量时间。因此，制定统一的标注标准或行业标准势在必行。

6) 深度学习原理的探索

深度学习在大规模和复杂场景语义分割方面具有显著优势。尽管如此，目前可解释性差仍是其主要缺点。特定类型的层(如卷积层、激活层、池化层)的工作原理可通过数学推导进行解释。然而，详细的内部决策过程还没有被完全理解。如果能够对深度学习有一个很好的解释能力，充分描述其原理，就可以根据需求清晰地构建网络结构，那么深度学习的发展将有一个质的飞跃，这包括在点云的语义分割方面的应用。

7) 多源数据融合

通过第 2 章介绍的大量点云数据集可知，现有的三维点云公开数据集通常是多源、多模态数据。三维点云除了可以与二维图像融合，还可以与视频、三维网格等其他数据类型融合，数据融合已经成为遥感领域的一个趋势；目前计算机视觉领域的算法并非都能直接用于此类遥感数据集。为了充分发挥多源数据融合的作用，需对不同类型数据的融合方式及多模态数据处理框架进行进一步研究。